微阳 编著

现在你受的苦，必将照亮你未来的路

吉林出版集团股份有限公司

图书在版编目（CIP）数据

现在你受的苦，必将照亮你未来的路 / 微阳编著
. — 长春 : 吉林出版集团股份有限公司 , 2019.2
ISBN 978–7–5581–5802–5

Ⅰ . ①现… Ⅱ . ①微… Ⅲ . ①成功心理 – 通俗读物
Ⅳ . ① B848.4–49

中国版本图书馆 CIP 数据核字（2019）第 019396 号

XIANZAI NI SHOU DE KU BIJIANG ZHAOLIANG NI WEILAI DE LU
现在你受的苦，必将照亮你未来的路

编　　著：微　阳
出版策划：孙　昶
项目统筹：郝秋月
责任编辑：姜婷婷
装帧设计：韩立强
封面供图：摄图网
出　　版：吉林出版集团股份有限公司
　　　　　（长春市福祉大路 5788 号，邮政编码：130118）
发　　行：吉林出版集团译文图书经营有限公司
　　　　　（http://shop34896900.taobao.com）
电　　话：总编办 0431–81629909　营销部 0431–81629880 / 81629900
印　　刷：天津海德伟业印务有限公司
开　　本：880mm×1230mm　　1 /32
印　　张：6
字　　数：130 千字
版　　次：2019 年 2 月第 1 版
印　　次：2019 年 7 月第 2 次印刷
书　　号：ISBN 978–7–5581–5802–5
定　　价：32.00 元

印装错误请与承印厂联系　　电话：022–82638777

前言

　　山有巅峰，也有低谷；水有深渊，也有浅滩。人生之路也一样，总是充满坎坷与挫折，时而波峰，时而谷底。苦难是人生的财富，只有超越苦难，才能获得幸福与成功。人是哭着而不是笑着来到这个世界上的，这或许就注定了在人的一生当中，苦难永远多于快乐。人的一生，就是不断地与痛苦抗争的过程。挫折与不幸是人生的伴侣，但又是人生的一笔财富，它能使人清醒，催人奋进。挫折是可怕的，但却是成长路上不可缺少的基石，实际上，每个困境与障碍都会成为一个超越自我的契机。困境，是成功者的阶梯，失败者的地狱。莎士比亚说："成功的秘诀就在于懂得怎样控制痛苦与快乐这股力量，而不为它们所反制。"面对挫折与不幸，悲观的人看到的是危机，乐观的人看到的是转机。

　　每一个人都要遇到挫折，挫折是成功的必经之路，挫折让强者更强，弱者更弱。一个人如果积极进取，喜欢挑战，自信乐观，那他就成功了一半。法国启蒙思想家卢梭说过："在我一生中的苦难日子里，我却始终满怀温馨、感人、甜美的情感，这些情感为我悲痛的心灵创伤抹上香膏，仿佛将痛苦化为快感。"笑对人生，才能于人生的旅途中不断发现生机盎然的绿色，于绝境中看到希望，找到向上攀登的阶梯，而不会在途中搁浅。是前进还是后退，是奋进还是屈服，有时就在一念之间。

　　追求快乐是每个人的天性，但经历苦难也是人生的必然。笑对人生，是一种超然的心态，更是一种凌驾于命运之上的气度。任大雨滂沱、道路崎岖，我自勇往直前；笑对人生，是一种勇气，更是一种淡泊。保持一颗平静、平常之心，"宠辱不惊，看庭前花开花落；去留无意，望天空云卷云舒"。本书阐述了如何面对并走出人生的困境；如何在苦难中成长，学会应对人生旅途中不断出现的挫折；如何在逆境中奋起，战胜痛苦与不幸，找到快乐的方法；如何学会享受生命，珍惜你所拥有的一切。阅读本书，将使你在辛勤耕耘之时，在遭遇磨难之际，在厄运降临之后，能够微笑着面对生活，不抱怨生活中有太多的曲折、不公和磨难，感谢折磨你的人，感谢折磨你的事。当你走过世间的繁华，阅尽世事，你就会幡然明白：你受的苦，必将照亮你未来的路。

目录

第九章　愿所有辛苦，终不被辜负

第一章

心向远方的人，都曾颠沛流离过

没有梦想，何必远方？

当一个人明白他想要什么并且坚持自己的理想，那么整个世界都将为他让路。

他生长在一个普通的农户家里，小时候家里很穷，他很小就跟着父亲下地种田。在田间休息的时候，他望着远处出神。父亲问他想什么。他说，将来长大了，不要种田，也不要上班，每天待在家里，等人给他寄钱。父亲听了，笑着说："荒唐，你别做梦了！我保证不会有人给你寄。"

后来他上学了。有一天，他从课本上知道了埃及金字塔的故事，就对父亲说："长大了我要去埃及看金字塔。"父亲生气地拍了一下他的头说："真荒唐！你别总做梦了，我保证你去不了。"

十几年后，少年成了青年，考上了大学，毕业后做了记者，平均每年都出版几本书。他每天坐在家里写作，出版社、报社给他往家里邮钱，他用邮来的钱到埃及旅行。他站在金字塔下仰望，想起小时候爸爸说的话，心里默默地对父亲说："爸爸，人生没有什么能被保证！"

他，就是台湾最受欢迎的散文家林清玄。他那些在他父亲看来十分荒唐、不可能实现的梦想，在十几年后都被他变成了现实。他为了实现这个梦想，十几年如一日，每天早晨4点就起床看书写作，每天坚持写 3000 字，一年就是 100 多万字。靠坚持不懈的奋斗，他终于实现了自己的梦想。

如果轻易放弃，梦想就只能是梦想；只有坚持到底，梦想才不仅仅是梦想。只有无论如何都不放弃梦想的人，才有可能让美梦成真。许多人之所以不能实现梦想，并不是因为梦想太高，而是太容易就轻易放弃。

一位小学教师给他的学生布置了一个作业：写一个报告，题目是《我的梦想》。

其中有一个小男孩儿，洋洋洒洒写了 9 张纸，描述他的伟大志愿。他想拥有一座属于自己的牧马农场，并且仔细地画了一张 200 亩农场的设计图，上面认真地标有马厩、跑道等的位置，然后在这一大片农场中央，还要建一栋占地约 380 平方米的豪宅。

他花了很多心血才把这份报告做出来，第二天交给了老师。然而，三天后当他拿回报告翻开一看，第一页上打了一个又红又大的叉，旁边还有一行字：下课后来见我。

小男孩儿下课后带着报告去见老师："为什么我的报告是不及格的？"

老师回答道："你年纪虽然小，但也不要老做白日梦。你们家里没有钱，也没有雄厚的家庭背景，什么都没有。盖农场是需要花很多钱的大工程，你要花钱买地，花钱买纯种马匹，花钱照顾它们，所以你的志愿是不可能实现的。因此，我建议你再写一个比较不离谱的志愿，我会重新给你分数的。"

这个小男孩儿回到家后征询父亲的意见。父亲只是告诉他："儿子，这个决定对你来说非常重要，你必须自己拿主意。"

于是这个小男孩儿再三考虑后，决定将原稿交回，一个字都不改。他告诉老师："即使是不及格的，我也不愿放弃梦想。"

数年后，当老师到当年那个小男孩儿的牧场做客的时候，他才知道小男孩儿当初没有放弃自己的梦想是对的。

有位哲人说："世界上一切的成功、一切的财富都始于一个意念！始于我们心中的梦想！"也就是说，成功其实很简单：你先有一个梦想，然后努力经营自己的梦想，不管别人说什么，都不放弃。

人生有主见，青春不迷茫

比塞尔是西撒哈拉沙漠中的一颗明珠，每年都会有数以万计的旅游者来到这儿。可是在肯·莱文发现它之前，这里还是一个封闭落后的地方。这儿的人没有一个走出过大漠，据说不是他们不愿离开这块贫瘠的土地，而是尝试过很多次都没能走出去。

肯·莱文当然不相信这种说法。他用手语向这儿的人问原因，结果每个人的回答都一样：从这儿无论向哪个方向走，最后还是转回到出发的地方。为了证实这种说法，他做了一次试验，从比塞尔村向北走，结果三天半就走了出来。

现在你受的苦，必将照亮你未来的路

比塞尔人为什么走不出来呢？肯·莱文非常纳闷，最后只得雇一个比塞尔人，让他带路，看看到底是怎么回事。他们带了半个月的水，牵了两峰骆驼，肯·莱文收起指南针等现代设备，只拄一根木棍跟在后面。

十天过去了，他们走了大约1300千米的路程，第十一天早晨，他们果然又回到了比塞尔。这一次，肯·莱文终于明白了，比塞尔人之所以走不出大漠，是因为他们根本就不认识北斗星。

在一望无际的沙漠里，一个人如果凭着感觉往前走，他会走出许多大小不一的圆圈，最后的足迹十有八九是一把卷尺的形状。比塞尔村处在浩瀚的沙漠中间，方圆上千千米没有一点参照物，若不认识北斗星又没有指南针，想走出沙漠，确实是不可能的。

肯·莱文在离开比塞尔时，带了一位叫阿古特尔的青年，就是上次和他合作的人。他告诉这位汉子，只要他白天休息，夜晚朝着北面那颗星走，就能走出沙漠。阿古特尔照着去做了，三天之后果然来到了大漠的边缘。阿古特尔因此成为比塞尔的开拓者，他的铜像被竖在小城的中央。铜像的底座上刻着一行字：新生活是从选定方向开始的。

正如上述例子的最后一句话，人生也同样如此。人生自然有自我存在的价值，选择一个目标，就等于明确了人生的方向，这样才不至于迷失。

一个人如果没有自己的人生观，没有人生的方向，没有确定自己活着究竟要做一个什么样的人、做什么事，只是跟着环境在转，这就犯了庄子所说的"所存于己者未定"的毛病，那将是人生最悲哀的事。

一个辉煌的人生在很大程度上取决于人生的方向，个人的幸福生活也离不开方向的指引。确立人生的方向是人一生中最值得认真去做的事情。你不仅需要自我反省、向人请教"我是什么样的人"，还需要很清楚地知道"我究竟需要什么"，包括想成就什么样的事业、结交什么样的朋友、培养和保留什么样的兴趣爱好、过一种什么样的生活。这些选择是相对独立的，但却是在一个系统内的，彼此是呼应的，从而共同形成人生的方向。

摩西奶奶是美国弗吉尼亚州的一位农妇，她在76岁时因患关节炎放弃农活儿，这时她给了自己一个新的人生方向，开始学习她梦寐以求的绘画。在她80岁时，她到纽约举办画展，引起了意外的轰动。她活了101岁，一生留下绘画作品600余幅，其中有40多幅是在生命的最后一年画的。

不仅如此，摩西奶奶的行动也影响到了日本大作家渡边淳一。渡边淳一从小就喜欢文学，可是大学毕业后，他一直在一家医院里工作，这让他感到很别扭。马上就30岁了，他不知该不该放弃那份令人讨厌但收入稳定的工作，转而从事自己喜欢的写作。于是他给耳闻已久的摩西奶奶写了一封信，希望得到她的指点。摩西奶奶很感兴趣，当即给他寄了一张明信片，上面写了这么一句话："做你喜欢做的事，上帝会高兴地帮你打开成功之门，

现在你受的苦，必将照亮你未来的路

哪怕你现在已经 80 岁了。"

人生是一段旅程，方向很重要。只有掌握了自己人生的方向，每个人才可以最大化地实现自己的价值，正如例子里的摩西奶奶和渡边淳一。

找到人生方向的人是快乐的，他们的生活与他们所向往的人生方向是一致的，这样的生活也让他们的生命更加有意义。

活出你自己的样子：年轻，就是用来折腾的

潘杰客，一个有着传奇跨国经历的成功男人，带给我们无限的启示。

想当初，潘杰客的祖父和父亲都是著名的科学家，而他大学毕业后却在北京一个小小的施工队做预算员。不过 4 年后，他已经是国家建设部最年轻的中层领导。1988 年，近 30 岁的潘杰客来到美国，一切从送外卖、住地下室开始。6 年后，他被哈佛、剑桥、耶鲁三所大学的管理学院同时录取，1997 年在哈佛完成学业后，前往欧洲，在上千名应聘者中，他成为唯一被录用的德国奥迪的高级经理，后来作为奥迪中国大区首席顾问回到中国，成功运作了奥迪 A6 在中国的上市计划。就在这能够让所有人艳羡的时候，他辞去了奥迪终身雇员的职务，加盟凤凰卫视，成为一个财经节目的主持人。而现在，他组建了自己的团队——泛华传

播，致力于打造一档"国际的、最知名的、成功人士的、在中国有影响的脱口秀节目"。

上面所说的情况已足以让人刮目相看，其实还只是他跨国人生的一小部分。用他自己的话说就是——除了"变化"没有什么是永恒的。

但事实上，潘杰客真正吸引人的地方也许并不在于他的成功，而在于他的"失败"。

潘杰客在他耶鲁大学入学论文的开篇写道："人生舞台上的表演层出不穷、跌宕起伏，它们可以是喜剧、悲剧、哑剧、歌剧、音乐剧、交响乐，不一而足。而我们在生命的不同时期却以不同的角色出现——主角、配角、编剧、导演、灯光师，甚至观众。"

人生如戏，潘杰客为自己编写并导演了一出最跌宕起伏的大剧。

"人是不能低头的，一旦低头，就再也不可能骄傲了。因为一个行动养成一个习惯，低头一次，就会有第二次、第三次……"

"很多人问我，在最困难的关头，是什么力量支撑着我不倒下，挺过去，我的答案是'心灵的骄傲'。在那种关键的时候，我不可能去考虑成功之后的鲜花与欢呼或失败者所将遭遇的冷遇和失落。我所想的是：我这个生命是否值得再为自己做下去？我通常会问自己：你能否超越自己？超越了就是成功——不是事情上的成功，而是心理上的成功。人在那种时刻，暴露出来的都是

现在你受的苦，必将照亮你未来的路

人性的弱点；我就是要战胜这种弱点。因为我追求的是心灵的纯粹和强大，一种心灵上的超我。"

"内心必须有一种渴求，你可以改变自己，还可以通过自己去改变别人，这个社会、这个世界就会因此而改变。要在最广泛的范围去影响他人，把社会向更合理的方向推进，这种合理应该为大多数人带来福利。这是个良好的愿望，为了这个愿望，要去做许多其他的事情，而这正是人生价值的体现，它带给我的满足是物质无法带来的。在心灵痛苦时，常常会想，大千世界的痛苦又是多么的深厚。走这条路的人注定是孤独的，精神和灵魂像吉卜赛人一样在这个世界流浪，如果这就是命运的话，我已做好准备并且毫不畏惧。"——这是一个理想主义者的自白，是一个勇敢者的宣言，是潘杰客不变的信念。这是一种怎样的超越，怎样的智慧？他是一个把目标与成功分得很清的人，成败得失已无关紧要，他追求的只是一个目标、一种执着、一份毅力。对一个人来说，可以没有成功，却不能没有目标。目标有时候很简单，却需要足够的信心与毅力去追求；成功有时候很遥远，却与目标只咫尺之隔。

真正的伟大只有一种，就是在看清这个世界的本来面目后，仍然去热爱它。作为一个自然人，潘杰客无疑非常伟大，这种伟大表现在他始终恪守着自己的原则，给高贵的心灵一个美丽的住所，哪怕是遭遇到最大的阻力，也要想办法抵达胜利的彼岸。

生命太短暂，岂能渺小度一生？

有这样一个众所周知的寓言故事：

农夫拣到一枚鹰蛋，回家后放到了一个正在孵小鸡的母鸡窝里。结果这枚鹰蛋被母鸡孵化成了一只雏鹰。这只雏鹰以为自己也是一只小鸡，于是每天和小鸡生活在一起，做着与小鸡一样的事情，在垃圾堆里捉虫觅食，与小鸡一起嬉戏，有时也学母鸡一样咯咯地叫。

雏鹰渐渐长大，变成了一只小鹰，可它从来没有飞过几尺高，因为母鸡们只能飞这么高。它认为自己与母鸡完全一样。

一天，小鹰看见一只大鸟在万里碧空中展翅翱翔，就问母鸡："那种飞得好高的大鸟是什么？"

母鸡回答说："那是一只雄鹰，它是一种非常了不起的鸟。你不过是一只鸡，不可能像它那样飞的，认命吧！"于是，这只小鹰就接受了这种观点，它不尝试着去飞翔，也从来没想过与鸡们做不一样的事。

有一天，猎人经过这家农户，看见了这只小鹰。猎人说服农妇，用三只猎获的野兔换走了小鹰。猎人开始训练小鹰飞翔，可是小鹰飞不起来，准确地说，是它根本不敢飞。猎人没有灰心丧气，他带小鹰来到一座高山顶上，对小鹰说："鹰呀鹰呀，你本属于蓝天，你是蓝天的主人，你怎么变得像你的食物小鸡那样弱小

现在你受的苦，必将照亮你未来的路

呢？向高处看吧，那些在天空翱翔的雄鹰才是你的同伴。去找它们吧！"

猎人说着，撒手将小鹰抛向悬崖，小鹰呈直线坠落，就在即将落地的那一瞬间，小鹰"呀"的一声尖叫，振翅飞了起来，直冲云霄。

尽快离开你身旁那些不积极、没有目标、不求成功的平庸之辈，和优秀的人在一起，这样，你的潜能才会最大限度地被激发出来，你就会变得更加优秀，最后让优秀成为自己的一种习惯。

贝尔28岁时拜访了著名物理学家约瑟夫·亨利，谈论"多路电报"试验，亨利本来对此不感兴趣。但这回他强打起精神，去听贝尔的介绍，突然他敏锐地觉察到，这个年轻人在谈一个极有价值的现象。他热情地鼓励贝尔："如果你觉得自己缺乏电学知识，那就去掌握它。你有发明的天分，好好干吧！"

后来，贝尔写信给父母，描述自己的感受："我简直无法向你们描述这两句话是怎样鼓舞了我……要知道在当时，对大多数人来说通过电报线传递声音无异于天方夜谭，根本不值得费时间去考虑。"

几年后，贝尔又说："如果当初没有遇上约瑟夫·亨利，我也许发明不了电话。"

和积极的人在一起会让你更积极，和消极的人在一起会让你更消极。心态积极的人，他们会及时激励我们，而不是用消极的话来干扰我们的行动。要知道，当一个人在做一件犹豫不决的事时，需要的是积极的支持。与积极者在一起，我们会学着尝试。即使错了，起码也曾经尝试过，无怨无悔。没有人会百分之百成功，但没有尝试肯定不会成功。

《心灵鸡汤》的作者之一马克·汉森是一位畅销书作家，他的书在全世界已经畅销几千万册。有一次，汉森在与成功学、激励学顶尖高手安东尼·罗宾斯同台讲演结束之后，私下请教罗宾斯，于是有了如下一段对话——

汉森问："我们都在教别人成功，为什么我的年收入才100万美元，而你一年却能赚进1000万美元呢？"

罗宾斯没有直接回答汉森的问题，却反过来问汉森："你每天跟谁混在一起？"

汉森说："我每天都跟百万富翁在一起。"

罗宾斯听后笑了笑说："我每天都跟千万富翁在一起。"

只有和比自己成功的人在一起，和成功者合作，我们才会更成功。近朱者赤，近墨者黑。物以类聚，人以群分。我们要想像雄鹰一样在空中翱翔，就得学会雄鹰飞翔的本领。如果我们结交有成就者，那我们终将成为一个有成就的人。用好莱坞流行的一句话说："一个人能否成功，不在于你知道什么，而在于你认识谁。"

假设有两种环境供你去选择：在第一种环境中你是最好的，你每月的收入是800元，而别人都是200元，在第二种环境中你是最差的，别人都是百万富翁，而你的资产只有20万。你愿意选择哪一种呢？要想成为什么样的人，你要选择跟什么样的人在一起，你要变得积极，你要和比你更积极的人在一起，你要永远寻找比你本身更好的环境。无论你是飞黄腾达，还是穷困潦倒，如果你选择和比你优秀的人在一起，当你落败时，他就会帮你检讨总结，为你加油助威。

谨慎地选择那些我们愿意花时间交往的朋友，因为他们对我们的思想、人格，以及发生在我们身上的任何事情都会有影响。与生活态度积极的人在一起，与具有远见卓识的人在一起，与成功者在一起，他们的"花香"肯定会熏陶我们，这样我们才会嗅到更多的芬芳。

生命太短暂，我们不能在碌碌无为中渺小地度过一生。与优秀的人在一起，创造不平凡的人生，才是我们明智的选择。

十年后，你会变成谁，过得怎么样？

给已定好位了，人生就不会有那么多的烦恼，，你的人生也将从此而精彩。

在水生动物中，螃蟹是横着走路的，河虾倒退着走路。它们怪异的行走方式引来了不少嘲笑和讥讽。一天，敏捷矫健的银鱼嘲笑说："螃蟹你真笨！你居然横着走路，如果旁边有障碍物你怎么走啊？"聪明的章鱼也插嘴讽刺道："河虾更傻，向前走多顺啊、可它偏倒走，何时才能到头啊？"螃蟹和河虾听见了，只是淡淡一笑。它们心里知道，选择什么样的行走方式，是根据自己的身体情况决定的。只要有自知之明，了解自己的特点，把握好方向和目标，给自己定好位，横着走或者倒着走，都是一种前进的姿态。

人最可贵的是有自知之明，即使这无助于发现真理，它至少也是一项生活准则。法国著名画安格尔曾说过这么一句话："我在日常生活中严守着一个美好的准则：'贵在自知之明。'我是素以此来鞭策自己的。"

齐庄公乘车出游的时候，在路上看见一只小小的螳螂伸出前臂，准备去阻挡车子的前进，齐庄公不由得非常惊讶。车夫就告诉齐庄公："这种虫子凡是看到对手，就会伸出自己的前臂，想要抵挡对手的进攻，却往往没想过自己的力量有多大，所以经常被车压死。"

这就是成语螳臂当车的由来，以此来比喻那些没有自知之明、不自量力的人。

张丽工作的那家公司倒闭半年了，她依然没有找到工作。不是没公司愿意录用她，而是她在原来那家公司工作时薪为2000元。所以她发誓一定要找一份月薪不低于2000元的工作。父亲得知她的想法，要她跟他一起去卖菜。

其他菜父亲卖的和别人一个价，而唯有白菜，人家卖5角钱一斤，父亲非卖8角钱一斤。父亲说自己的白菜是全市最好的，可一连几个人来问过价后都嫌贵。

她有点儿着急了，对父亲说："我们也降为5角钱一斤吧。"

父亲不同意，坚持道："我们的白菜是整个菜市场里最好的，不愁没有人头。"

有个人来问价钱了，非常喜欢她家的白菜，但就是嫌贵。那人软磨硬泡，最后一脚狠狠心说："7角一斤，我包了。"可父亲仍然一分钱也不让。

时间一分一秒过去了，市场内的菜价也在慢慢下跌。许多菜农的白菜大都卖完了，没有卖完的因是挑剩下的而卖到4角钱斤，但父亲却只降价到6角钱一斤。她急了，建议父亲也卖4角钱一斤，但父亲仍不同意，他仍坚持说自家的白菜是最好的。

中午过后，不能隔夜卖的白菜已被降价到了两角一斤。黄昏时分，有的人干脆开始卖1元一大棵。而她家的白菜经过一天的日晒已经毫无优势可言，但父亲仍然坚持不降价。天快黑时一个中年妇女过来问："这堆白菜5块钱卖不卖？"看来不卖就只有拿回家自己吃了，于是父亲就卖了。

回家的路上，她埋怨父亲太固执，以至于白白浪费机会，反而少卖了好多钱。父亲没有反驳，只是笑了笑，意味深长地说："总以为早上能以八角的价格把白菜卖掉，谁知越等越不值钱！"

她深深地被父亲的话触动了，心想：我不就是这样吗？于是第二天，她就到一家公司上班了，月薪1500元。

我们常常说的不能眼高手低，说的就是这个意思：不能将自己定位大过高于本身实际所处的位置。对本属于自己的位置的不屑一顾、只会换来不断的碰壁。尤其在自己处于低谷的时候，更应该正确认识到自己所处的环境，正确估量自己，然后才能一步一个脚印地往上攀登。

是火柴你就发光，是轮胎你就奔跑，是音箱你就歌唱。每一样东西、每一个人都有自己的特点和使命。只有找准了自己的位置，人生才有成功的可能。

心若没有栖息的地方，到哪里都是流浪

所谓选定，就是指一生只选一把椅，一生只选一件事，一生选准一个目标。

所谓选定，就是咬定青山不放松，就是几十年风雨如一日，就是将"革命"进行到底！长江因选定向东而波澜壮阔，青松因选定向上而伟岸挺拔，珠峰因选定卓越而傲视群山，流星因选定精彩而亮彻长空，圣贤因选定目标而成功卓越！

有这样一个故事：

一条街上有两家卖老豆腐的小店。一家叫"潘记"，另一家叫"张记"。两家店是同时开张的。刚开始，"潘记"生意十分兴隆，吃老豆腐的人得排队等候，来得晚就吃不上了。潘记的特点是：豆腐做得很结实，口感好，给的量特别大。相比之下，张记

老豆腐就不一样了，首先是豆腐做得软，软得像汤汁，不成形状；其次是给的豆腐少，加的汤多，一碗老豆腐半碗多汤。因此，有一段时间，张记的门前冷冷清清。有一天，一个客人走进张记的豆腐店，吃完一碗老豆腐后不客气地说："你怎么不学学潘记呢？"老板卖关子，脸上颇有几分胜算地说："我为什么要学他呢？你过段时间再来，看看是不是会有变化吧。"

一个多月后，张记的门前居然真的排起了长队。那客人很好奇，也排队买了一碗，看看碗里的豆腐，仍然是稀稀的汤汁，和以前没什么两样，吃起来，也是从前的味道。老板脸上仍然挂着憨厚的笑，客人便好奇地问："能告诉我其中的秘诀吗？"

老板说："其实我和潘记的老板是师兄弟。"客人有些惊讶："那你们做的豆腐不一样呀？"老板说："是不一样。我师兄潘记做的豆腐确实好，我真比不上；但我的豆腐汤是加入好几种骨头，再配上调料，再经过12个小时熬制而成，师兄在这方面就不如我了。师傅故意传给我们不同的手艺。这样，人们吃腻了我师兄的豆腐，就会到我这里来喝汤。时间长了，人们还会回到我师兄那里。再过一段时间，人们又会来我这里。这样，我们师兄弟的生意就能比较长远地做下去，并且互不影响。"

客人又试探地问："你难道就不想跟你师兄学做豆腐吗？"老板却说："师傅告诉我们，能做精一件事就不容易了。有时候，你想样样精，结果样样差。"

张记老板的这番话，除与老豆腐有关，与一个人的择业、一个人一辈子的坚守似乎都有些关联……

是的，世界上夺目的事业太多太多，而选定者必须知道：生命有限，时间有限，精力有限，能力有限，空间有限。而每个人只有一双手，只有在众多的事业中选定一件自己爱干的该干的事，才能打造自己的完美人生。

因为，成功是一个力学问题，目标的实现全赖于力量的方向、大小和持续力。

若不选定目标，那么，每天清晨起来，我们将茫然四顾。若不能选准一件事，那么，我们每日的思考与行动将毫无意义可言。宇宙万物都是以中心为内核而运转的，人生也莫不如此。有中心我们才有可能聚积四周的能量，才有可能吸引实现目标的人力物力财力。蚌蛤因有中心而结出珍珠，台风因有中心而力大无穷。

当然，中心只应有一个。世界上有梦想的人太多太多，每天活在不同梦想之中的人也太多太多，唯独一生只有一个梦想的人凤毛麟角，少之又少。梦想多者，一生都在游离不定中摇摆，在举棋不定中反复，在湖光掠影中闪失。他们没有恒心，没有毅力，他们太急于求成，他们太不能等待，有的只是一颗空泛的心，他们总是在期待在祈盼机遇之神光顾，结果呢? 恰恰相反，机遇之神总是鄙视他们，且将他们弃在路边，如同敝屣。

富可敌国、光芒四射的比尔·盖茨，就是一个一生选定一件事、一生只做一件事的人。正因为这一果断的抉择，使他的软件事业在经过几年的打拼之后，成为这一领域的"庞大帝国"，而他本人则成为世界首富。比尔·盖茨在谈到他的成功经验时说："很多人问我成功的秘密，其实没有什么秘密可谈，我只是选择了我爱做的事、该做的事。其实，我不比别人聪明多少，我之所以走到了其他人的前面，不过是我认准了一生只做一件事，并且把这件事做得更完美而已。正是这个深扎于内心的信条，使我的思想和人生变得更加坚定。我始终认为一个能把一件事做到底的人，更能体现出天才的创造力。"

总之，没有选定，人生就没有主题；没有选定，人生就没有方向没有目标；没有选定，人生就是一盘散沙；没有选定，人生就不可能像滚雪球一样越滚越大；没有选定，人生就会流入肤浅和庸俗！只有选定，泰山才会为之让路；只有选定，险峰也会为之臣服；只有选定，人生的坎坷才会被踏平；只有选定，生命才会乘风破浪，一路凯歌！当然，"选定"需要钢铁般的意志为后盾，才能实现，才能突破。在这个世界上，强者与弱者之间，成功者与失败者之间，大人物与小人物之间，唯一区别就是看谁具有钢铁般的意志力，看谁具有绵绵不绝的激情。没有这两点，所有的选定都是白搭，所有的选定都是枉费心机。

今天，我们一定要吃透"选定"，着手"选定"，迅速做出生命中最大的一次决策——选好自己的位置，一生只做一件事。

是小草，就要为生命增添绿意；是鲜花，就要为人间留下芬芳；是阳光，就要照耀大地；是雨露，就要滋润禾苗……茫茫人海中，你的人生坐标在哪里？

成功的道路千条万条，而属于你的只有一条；三百六十行，行行出状元，你该选择哪一行？试想一下：如果让毕加索写小说，让马克·吐温去作画，他们还会被人们尊为大师吗？这里涉及一个定位问题，简单地说，就是找准自己一生要做的事，选准一事，选定一生。

人生有多残酷，你就该有多坚强

　　成就平平的人往往是善于发现困难的"天才"，他们善于在每一项任务中都看到困难。他们莫名其妙地担心前进路上的困难，这使他们勇气尽失。他们对于困难似乎有惊人的"预见"能力。一旦开始行动，他们就开始寻找困难，时时刻刻等待着困难的出现。当然，最终他们发现了困难，并且被困难击败。这些人似乎戴着一副有色眼镜，除了困难，他们什么也看不见。他们前进的路上总是充满了"如果""但是""或者"和"不能"。这些东西足以使他们止步不前。

　　一个向困难屈服的人必定会一事无成，很多人不明白这一点。一个人的成就与他战胜困难的能力成正比。他战胜越多别人所不能战胜的困难，他取得的成就也就越大。如果你足够强大，那么困难和障碍会显得微不足道；如果你很弱小，那么障碍和困难就显得难以克服。有的人虽然知道自己要追求什么，却畏惧成

现在你受的苦，必将照亮你未来的路

功道路上的困难。他们常常把一个小小的困难想象得比登天还难，一味地悲观叹息，直到失去了克服困难的机会。那些因为一点点困难就止步不前的人，与没有任何志向、抱负的庸人无异，他们终将一事无成。

成就大业的人，面对困难时从不犹豫徘徊，从不怀疑自己克服困难的能力，他们总是能紧紧抓住自己的目标。对他们来说，自己的目标是伟大而令人兴奋的，他们会向着自己的目标坚持不懈地前进，而暂时的困难对他们来说则微不足道。伟人只关心一个问题："这件事情可以完成吗？"而不管他将遇到多少困难，只要事情是可能的，所有的困难就都可以克服。

我们随处可见自己给自己制造障碍的人。在每一个学校或公司董事会中或多或少都有这样的人。他们总是善于夸大困难，小题大做。如果一切事情都依靠这种人，结果就会一事无成。如果听从这些人的建议，那么一切造福这个世界的伟大创造和成就都不会存在。

一个会取得成功的人也会看到困难，却从不惧怕困难，因为他相信自己能战胜这些困难，他相信一往无前的勇气能扫除这些障碍。有了决心和信心，这些困难又算得了什么呢？对拿破仑来说，阿尔卑斯山算不了什么。并非阿尔卑斯山不可怕，冬天的阿尔卑斯山几乎是不可翻越的，但拿破仑觉得自己比阿尔卑斯山更强大。

虽然在法国将军们的眼里，翻越阿尔卑斯山太困难了，但是他们那伟大领袖的目光却早已越过了阿尔卑斯山上的终年积雪，看到了山那边碧绿的平原。

乐观地面对困难，多一些快乐，少一些烦恼，你会惊奇地发现，这不仅会使你的工作充满乐趣，还会让你获得幸福。你会发现，自己成了一个更优秀、更完美的人。你用充满阳光的心灵轻松地去面对困难，就能保持自己心灵的和谐。而有的人却因为这些困难而痛苦，失去了心灵的和谐。

你怎样看待周围的事物完全取决于你自己的态度。每一个人的心中都有乐观向上的力量，它使你在黑暗中看到光明，在痛苦中看到快乐。每一个人都有一个水晶镜片，可以把昏暗的光线变成七色彩虹。

夏洛特·吉尔曼在他的《一块绊脚石》中描述了一个登山的行者，突然发现一块巨大的石头摆在他的面前，挡住了他的去路。他悲观失望，祈求这块巨石赶快离开。但它一动不动。他愤怒了，大声咒骂，他跪下祈求它让路，它仍旧纹丝不动。行者无助地坐在这块石头前，突然间他鼓起了勇气，最终解决了困难。用他自己的话说："我摘下帽子，拿起我的手杖，卸下我沉重的负担，我径直向着那可恶的石头冲过去，不经意间，我就翻了过去，好像它根本不存在一样。如果我们下定决心，直面困难，而不是畏缩不前，那么，大部分的困难就根本不算什么困难。"

第二章

别抱怨生活苦，那是你去看世界的路

如果为了没有鞋而哭泣，看看那些没有脚的人

有这样一句话："在这个世界上，你是自己最好的朋友，你也可以成为自己最大的敌人。"当你接受自己、爱自己时，你的心里就充满了阳光；而当你排斥自己、讨厌自己时，你的心灵就会覆盖冰雪。要知道，微不足道的一点烦恼也可以毁掉你的整个生活。

有一个富翁，为了教育每天精神不振的孩子知福惜福，便让他到当地最贫穷的村落住了一个月。一个月后，孩子精神饱满地回家了，脸上并没有带着"下放"的不悦，这让富爸爸感到不可思议。爸爸想要知道孩子有何领悟，问儿子："怎么样？现在你知道，不是每个人都能像我们这样生活吧？"

儿子说："是的，他们过的日子比我们还好。

"我们晚上只有灯，他们却有满天星空。

"我们必须花钱才买得到食物，他们吃的却是自己的土地上栽种的免费粮食。

"我们只有一个小花园，对他们来说到处都是花园。

"我们听到的都是噪声，他们听到的都是自然音乐。

"我们工作时神经紧绷，他们一边儿工作一边儿大声唱歌。

"我们要管理用人、员工，他们只要管好自己。

"我们要关在房子里吹冷气，他们在树下乘凉。

"我们担心有人来偷钱，他们没什么好担心的。

"我们老是嫌菜不好，他们有东西吃就很开心。

"我们常常失眠，他们睡得很安稳。

"所以，谢谢你，爸爸。你让我知道，我们可以过得那么好。"

很多刚刚踏入社会的年轻人，无论思想还是为人处世，都有很多不成熟的地方，却又敏感异常。他们希望事事做到完美，人人都能赞许他。但当这种想法不能实现时，他们就很轻易地陷入不如意的境地，觉得自己是全世界最倒霉的人了。

也许，你并不确切地了解自己幸运与否。没关系，这儿有一份专家们的"全球报告"，来细细地对照一下吧：

如果我们将全世界的人口压缩成一个100人的村庄，那么这个村庄将有：

57名亚洲人，21名欧洲人，14名美洲人和大洋洲人，8名非洲人；52名女人和48名男人；30名白人和70名非基督教徒；89名异性恋和11名同性恋；6人拥有全村财富的89%，而这6人均来自美国；80人住房条件不好；70人为文盲；50人营养不良；1人正在死亡；1人正在出生；1人拥有电脑；1人（对，只有一人）拥有大学文凭。

如果我们从这种压缩的角度来认识世界，我们就能发现：

假如你的冰箱里有食物可吃，身上有衣可穿，有房可住，有床可睡，那么你比世界上 75% 的人都富有。

假如你在银行有存款，钱包里有现钞，口袋里有零钱，那么你属于世界上 8% 最幸运的人。

假如你父母双全没有离异，那你就是很稀有的地球人。

假如你今天早晨起床时身体健康，没有疾病，那么你比其他几千万人都幸运，他们甚至看不到下周的太阳。

假如你从未尝试过战争的危险、牢狱的孤独、酷刑的折磨和饥饿的煎熬，那么你的处境比其他 5 亿人要好。

假如你读了以上的文字，说明你就不属于 20 亿文盲中的一员，他们每天都在为不识字而痛苦……

看吧，我们原来这么幸运。只要肯用心去面对，用心去体会，我们当下拥有的，足以幸福一生了。

学会豁达一些，在盯着他人财富的同时，也细细清点一下自己的所有，你会发觉，自己的运气其实一点都不差。

坎坷并非苦难，而是财富

路如蛛网。

老人端坐蛛网中央。

远远地，一个黑点在网上移动。

渐渐地，近了，近了，老人看清，那是一个魁伟英俊、朝气蓬勃的年轻人。年轻人着一身牛仔服，穿一双登山鞋，背一个旅行包，挂一根铁拐杖，正急急地向老人靠近。

年轻人来到老人面前，深深地鞠了一躬。

"老大爷，我要到山那边去，该走哪条路？"

老人缓缓地抬起右手，伸出三个指头，反问道："左、中、右三条路，你想走哪一条？"

年轻人踌躇了一会儿，说："左边。"

"左边的路坎坷不平！"

老人说完，闭上了眼睛。

年轻人二话没说，拄着拐杖，走了。

不知过了多久，年轻人又来到老人面前。

"老大爷，我必须到山那边去，但怎么也走不出那些坎坷，您老人家能告诉我出山的路吗？"

老人又缓缓地抬起右手，伸出三个指头："左、中、右，你想走哪条路？"

"右边的。"年轻人声音很轻，似乎不好意思了。

"右边的路，布满荆棘！"

老人说完，又闭上了眼睛。

年轻人呆呆地望了老人一会儿，拄着拐杖，一步一步地走了。

不知过了多久，年轻人再次来到老人面前。他放下背包，席地而坐，喘了几口粗气，才说："老大爷，我一定要到山那边去，但走来走去，总是在原地打转，走不出迷惑的荆棘。您老人家能帮帮忙，告诉我出山的路吗？"

老人还是缓缓地抬起右手，伸出三个指头："左、中、右，你想走哪一条路？"

"我想走一条平坦的路！"年轻人毫不犹豫地回答，脸上掠过一丝笑容。

"平坦的路是没有的啊！"老人说完，眼光却似乎充满了鼓励。

年轻人用沉思的眼光扫了老人一眼，似乎明白了老人的用意，背起背包，拄着拐杖，一步一步，坚定地向前走去。

人生本无坦途，在漫长的道路上，谁都难免遇上厄运和不幸。但生活的脚步不论是沉重、还是轻盈，我们从中不仅要品尝失败的痛苦，同时也应该学会享受收获与快乐。只要我们善于总结失败的教训，在哪里跌倒就在哪里爬起来，告别迷惘的昨天，珍惜美好的今天，微笑着面对明天，充满信心展望更加灿烂的后天。不管是从辉煌成功中走出，还是在失败中奋起，漫漫人生路，踏平坎坷成大道，才是我们不懈的追求。

一家公司的主管，在一次培训课上用一幅图诠释了一个人生寓意。

他首先在黑板上画了一幅图：在一个圆圈中间站着一个人。接着，他在圆圈的里面加上了一座房子、一辆汽车、一些朋友。

主管说："这是你的舒服区。这个圆圈里面的东西对你至关重要：你的住房、你的家庭、你的朋友，还有你的工作。在这个圆圈里面，人们会觉得自在、安全，远离危险或争端。现在，谁能告诉我，在你跨出这个圈子后，会发生什么？"

教室里顿时鸦雀无声，一位积极的学员打破沉默："会害怕。"

另一位说："会出错。"

这时，主管微笑着说："当你犯错误了，其结果是什么呢？"

最初回答问题的那名学员大声答道："我会从中学到东西。"

主管说："是的，你会从错误中学到东西。在你离开舒服区以后，你学到了你以前不知道的东西，你增加了自己的见识，所以你进步了。"

主管再次转向黑板，在原来那个圈子之外画了个更大的圆圈，还加上些新的东西，包括更多的朋友、一座更大的房子，等等。

"如果你总是在自己的舒服区里打转，你就永远无法扩大你的视野，永远无法学到新的东西。只有跨出舒服区以后，你才能使自己人生的圆圈变大，你才能把自己塑造成一个更优秀的人。"主管说道。

的确，在这个世界上，没有一成不变的环境与事物，每个人随时随地可能都需要转换生存方式、生存环境、生存角色、生存意识。如果始终拘泥于一种思考方式、一个固定的位置，就会成为井底之蛙，看不到更广阔的空间，得不到更长远的发展。

　　人类科学史上的巨人爱因斯坦，在报考瑞士联邦工艺学校时，竟因3科不及格落榜，被人嘲笑为"低能儿"。被誉为"东方卡拉扬"的日本著名指挥家小泽征尔，在初出茅庐的一次指挥演出中，曾被中途"轰"下场来，紧接着又被解聘。为什么厄运没有摧垮他们？因为他们始终把坎坷看作人生的轨迹，是人生的一种磨炼。假如他们没有当时的厄运和无奈，也许就没有日后绚丽多彩的人生。

　　世上有许多的事情是难以预料的。成功伴随着失败，失败伴随着成功。面对成功或荣誉，不要狂喜，也不要盛气凌人，把功名利禄看轻些，看淡些；面对挫折或失败，要像爱因斯坦、小泽征尔那样，不要忧伤，更不要自暴自弃，要把厄运羞辱看远些，看开些。

　　漫长的人生道路上，难免会有得意与失落的时候，十年河东十年河西，在困难到来的时候，不需要你拼命地往前冲，只要你别向后退缩，咬着牙挺过去，把手头的事做好了，幸福也就不远了。

　　人生本无坦途，太顺利了未必就是一件好事，人的一生，既要享受生活带给你的幸福，也要能承受生活带给你的磨难。生活是一把双刃剑，穷有穷的开心，富也有富的烦恼。重要的是你的心态，心态不好你的快乐就会很少，心态好了快乐就会随时在你身边。

在通向成功的人生道路上布满了荆棘，充满数不清的艰难、困苦、辛酸与煎熬。人世间的风风雨雨，就是这个世界赐予我们的智慧，一个人越是经风雨见世面，他的阅历就越广，阅历越广，大脑开发的程度就越高，大脑开发的程度越高，拥有的智慧就越多。

踏平坎坷是坦途，一个人一生中的坎坷，不是苦难，而是财富。每一个挫折与失败，都是一次痛苦的记忆和教训，但也是灯塔、航标，是未来人生路上的指南针。

无论是面对逆境，还是一直走在坦途上，只有怀着积极心态的人，才能不断地超越自己，才能在未来世界的发展之中立于不败之地。因此，我们每个人都要勇于更新自己的思维方式，转换自己的生存状态，调整自己的前进步伐。

日子难过，更要认真地过

当你埋怨自己被苦日子折磨时，你是否想过，其实这境遇只是由于你不认真对待生活造成的呢？日子难过，更要认真地过。有个学者说过："人生的棋局，只有到了死亡时才结束，只要生命还存在，就有挽回棋局的可能。"

生活拮据，日子难过，大部分人的生活都过得很辛苦。但是，在你埋怨苦日子折磨人的时候，不妨仔细想想：在这些难过的日子当中，你认真生活了几天？

地铁上，两个年纪40岁左右的女人在说话，一个说："这日子真的是没法过下去了，我真是再也受不了了。他居然跟我说要把房子卖了，你想想，把房子卖了我们住到哪里去啊？没想到跟了他这么多年，现在居然落到这样的地步。"

另一个说："那不行啊，就算是把房子卖了，这样下去也是坐吃山空，还是要想办法让他出去工作才行。"

"谁说不是呢？！可是他要是肯听我的就好了。现在他什么朋友都没有，什么人也不愿意见，整天待在家里，孩子也怕他，他随时都会发火，我都烦死了。这样的日子难过死了，死了倒还痛快了！"

"唉……"

原来这个家里的男主人，下岗了之后也找过几个工作，但做了一段时间都不成功，意志愈加消沉。于是女主人对他越来越不满意，软的硬的都没什么用，于是家里开始硝烟弥漫，大吵小吵没有断过。

眼看着家里就女主人一个人上班以维持家用，她心里也着急，可是又不知道用什么方法来让老公重整旗鼓。男主人于是提出把房子卖了租房子住，于是又展开了新一轮的战争。

女人开始感叹，当初怎么嫁了这样的男人，还不如嫁给×××。她说："这日子过不下去了！"

人生就是这样：苦多于乐！

现在你受的苦，必将照亮你未来的路

美国教育学家乔治·桑塔亚纳说："人生既不是一幅美景，也不是一席盛宴，而是一场苦难。"不幸的是，当你来到这世界那一天，没有人会送你一本生活指南，教你如何应付命运多舛的人生。也许青春时期的你曾经期待长大成人以后，人生会像一场热闹的派对，但在现实世界经历了几年风雨后，你会幡然醒悟，人生的道路原来布满荆棘。

　　无论你是老是少，都请不要奢望生活越过越顺遂，因为你会发现大家的日子都很难熬。再怎么才华横溢、家财万贯，照样逃离不了挫折、困顿。人人都要经历某种程度的压力和痛苦，而且难保不会遇上疾病、天灾、意外、死亡及其他不幸，谁都无法做到完全免疫，就算成功人士也会承认这是个需要辛苦打拼的世界。精神分析学家荣格主张：人类需要逆境，逆境是迈向身心健康的必要条件。他认为遭遇困境能帮助我们获得完整的人格与健全的心灵。

　　人的一生总有许多波折，要是你觉得事事如意，大概是误闯了某条单行道。也许你曾拥有一段诸事顺利的日子，于是志得意满的你开始以为你已看穿人生是怎么回事，一切如鱼得水，悠游自在。可惜就在你相信自己蒙天赐之福时，却发生了好运化为乌有的意外。

　　美国作家诺瑞丝拥有一套轻松面对生活的法则：人生比你想象中好过，只要接受困难、量力而为、咬紧牙关就过去了。你跨出的每一步，都能助你完成学习之旅。面临生活的考验时，耐力越高，通过的考验也越多。所以要放松心情，靠意志力和自信心冲破难关。

保持积极的人生观，可以帮助你了解逆境其实很少危害生命，只会引起不同程度的愤慨，何况一定的压力也有好处。舒适安逸的生活无法带给人快乐与满足，人生若是少了有待克服的障碍、有待解决的问题、有待追求的目标、有待完成的使命，便毫无成就感可言了。

人生是一场学习的过程，接二连三的打击则是最好的生活导师。享乐与顺境无法锻炼人格，逆境却可以。一旦征服了难关，遇到再糟的情况也不会惊慌。人生有甘也有苦，物质环境的优劣与生活困厄的程度毫无瓜葛，重要的是我们对环境采取何种反应。接受好花不常开的事实，日子会优哉许多。记住这句话：人生苦多于乐，要勇敢面对。

向折磨说一声"我能行"

挫折并不保证你会得到完全绽开的成功的花朵，它只提供成功的种子。饱受挫折折磨的人，必须自己努力去寻找这颗种子，并且以明确的目标给它养分并栽培它，否则它不可能开花、结果。

面对挫折，只有自强者才能战胜困难、超越自我。而如果一味地想着等待别人来帮忙，只能落得失败的下场。遭遇不顺利的事情时，坐等他人的帮助是一种极其愚蠢的做法，只有靠自己的努力才能解决问题，向折磨说一声"我能行"。记住：可以永远依赖的人只有自己！

一个农民只上了几年学，家里就没钱继续供他上学了。他辍学回家，帮父亲耕种二亩薄田。在他18岁时，父亲去世了，家庭的重担全部压在了他的肩上。他要照顾身体不佳的母亲，还有一位瘫痪在床的祖母。

改革开放后，农田承包到户。他把一块水洼挖成池塘，想养鱼。但村里的干部告诉他，水田不能养鱼，只能种庄稼，他只好又把水塘填平。这件事成了一个笑话，在别人看来，他是一个想发财但又非常愚蠢的人。

听说养鸡能赚钱，他向亲戚借了300元钱，养起了鸡。但是一场大雨后，鸡得了鸡瘟，几天内全部死光。300元对别人来说可能不算什么，但对一个只靠二亩薄田生活的家庭而言，可谓天文数字。他的母亲受不了这个刺激，忧劳成疾而死。

他后来酿过酒，捕过鱼，甚至还在石矿的悬崖上帮人打过炮眼……可都没有赚到钱。

36岁的时候，他还没有娶到媳妇，即使是离异的有孩子的女人也看不上他，因为他只有一间土屋，房子随时有可能在一场大雨后倒塌。娶不上老婆的男人，在农村是没有人看得起的。

但他还是没有放弃，不久他就四处借钱买了一辆手扶拖拉机。不料，上路不到半个月，这辆拖拉机就载着他冲入一条河里。他断了一条腿，成了瘸子。而那拖拉机，被人捞起来，已经支离破碎，他只能拆开它，当作废铁卖。

几乎所有的人都说他这辈子完了。但是多年后他成了一家公司的老总，手中有上亿元的资产。现在，许多人都知道他苦难的过去和富有传奇色彩的创业经历。许多媒体采访过他，许多报告文学描述过他。曾经有记者这样采访他——

记者问："在苦难的日子里，你凭借什么一次又一次毫不退缩？"

他坐在宽大豪华的老板台后面，喝完了手里的一杯水。然后，他把玻璃杯子握在手里，反问记者："如果我松手，这只杯子会怎样？"

记者说："摔在地上，碎了。"

"那我们试试看。"他说。

他手一松，杯子掉到地上发出清脆的声音，但并没有破碎，而是完好无损。他说："即使有 10 个人在场，10 个人都会认为这只杯子必碎无疑。但是，这只杯子不是普通的玻璃杯，而是用玻璃钢制作的。"

是啊！这样的人，即使只有一口气，他也会努力去拉住成功的手，除非上苍剥夺了他的生命……

我们在埋怨自己生活多磨难的同时，不妨想想这位故事主角的人生经历，或许还有更多多灾多难的人们，与他们相比，我们的困难和挫折算什么呢？向折磨说一声"我能行"，自强起来，生命就会屹立不倒！

心若向阳，无谓悲伤

人的潜力是惊人的，很多时候，你认为你承受不了的事，往往却能够不费气力地承受下来。人生没有承受不了的事，相信你自己。

你还在为即将到来或正发生在自己身上的不幸而担忧吗？其实，这些困难并不像你想象的那样可怕。只要你勇敢面对，你就能够承受。等你适应了那样的不幸以后，你就可以从不幸中找到幸运的种子了。

帕克在一家汽车公司上班。很不幸，一次机器故障导致他的右眼被击伤，抢救后还是没有能保住，医生摘除了他的右眼球。

帕克原本是一个十分乐观的人，但现在却成了一个沉默寡言的人。他害怕上街，因为总是有那么多人看他的眼睛。

他的休假一次次被延长，妻子艾丽丝负担起了家庭的所有开支，而且她在晚上又兼了一个职。她很在乎这个家，她爱着自己的丈夫，想让全家过得和以前一样。艾丽丝认为丈夫心中的阴影总会消除的，那只是时间问题。

但糟糕的是，帕克的另一只眼睛的视力也受到了影响。在一个阳光灿烂的早晨，帕克问妻子谁在院子里踢球时，艾丽丝惊讶地看着丈夫和正在踢球的儿子。在以前，儿子即使到更远的地方，他也能看到。艾丽丝什么也没有说，只是走近丈夫，轻轻地抱住他的头。

帕克说："亲爱的，我知道以后会发生什么，我已经意识到了。"

艾丽丝的泪就流下来了。

其实，艾丽丝早就知道这种后果，只是她怕丈夫受不了打击而要求医生不要告诉他。帕克知道自己要失明后，反而镇静多了，连艾丽丝自己也感到奇怪。艾丽丝知道帕克能见到光明的日子已经不多了，她想为丈夫留下点儿什么。她每天把自己和儿子打扮得漂漂亮亮的，还经常去美容院。在帕克面前，不论她心里多么悲伤，她总是努力微笑。

几个月后，帕克说："艾丽丝，我发现你新买的套裙那么旧了！"

艾丽丝说："是吗？"

她奔到一个他看不到的角落，低声哭了。她那件套裙的颜色在太阳底下绚丽夺目。她想：还能为丈夫留下什么呢？

第二天，家里来了一个油漆匠，艾丽丝想把家具和墙壁粉刷一遍，让帕克的心中永远有一个新家。

油漆匠工作很认真，一边儿干活还一边儿吹着口哨。干了一个星期，终于把所有的家具和墙壁刷好了，他也知道了帕克的情况。

油漆匠对帕克说："对不起，我干得很慢。"

帕克说："你天天那么开心，我也为此感到高兴。"

算工钱的时候，油漆匠少算了 100 元。

帕克和油漆匠说："你少算了工钱。"

油漆匠说："我已经多拿了，一个等待失明的人还那么平静，你告诉了我什么叫勇气。"

但帕克却坚持要将这 100 元给油漆匠，帕克说："我也知道了原来残疾人也可以自食其力，并生活得很快乐。"

——油漆匠只有一只手。

哀莫大于心死，只要自己还持有一颗乐观、充满希望的心，身体的残缺又有什么影响呢？要学会享受生活，只要还拥有生活的勇气，那么你的人生仍然是五彩缤纷的。

人的潜力是无穷的，世界上没有任何事情能够将人的心完全压制。只要相信自己，人生就没有承受不了的事。至于受老板的责骂、受客户的折磨这种小事，你还会在乎吗？

第三章

人生所有的机遇，都在你全力以赴的路上

不眼红别人的辉煌，心中只装着自己的目标

别人的人生再辉煌，你也感受不到任何光和热，别人的辉煌与自己毫无关联，你所能做的就是耐住寂寞，认准自己的目标，然后一步步地向自己的目标迈进，千万不要被别人的成功晃花了眼。

在 2006 年之前，低调的张茵对于大众而言还是一张很陌生的面孔。一夜间，"胡润富豪榜"将这一当年中国女首富推出水面，这个颇具传奇色彩的商界红颜瞬间成为公众瞩目的焦点。

在美国《财富》杂志"2007 年最有影响力商业女性 50 强"中，她被称为"全球最富有的白手起家的女富豪"！张茵已成为这个时代平民女性的榜样。

当玖龙造纸有限公司红遍大江南北时，张茵也因此赢得了"废纸大王"的美誉。这个东北姑娘当年的泼辣闯劲儿至今还留在亲人的脑海里。

张茵出生于东北，走出校门后，做过工厂的会计，后在深圳信托公司的一个合资企业里也做过财务工作。1985 年，她曾有过当时看来绝好的机遇：分配住房，年薪 50 万港币……然而，张茵却只身携带 3 万元前往香港创业，在香港的一家贸易公司做包装纸的业务。

现在你受的苦，必将照亮你未来的路

一直指导张茵的财富法则就是做事专注而坚定。看准商机就下手，全心全意去做事。对于中国四大发明之一的传统行业——造纸业，张茵情有独钟，倾注了很多的心血：从香港到美国，再到香港，继而把战场转向家乡，扩大到全世界，她的足迹随着纸浆的流动遍布全球。最初入行的张茵以"品质第一"为本，坚决不往纸浆里面掺水，因而触犯同行的利益吃尽了苦头，她曾接到黑社会的恐吓电话，也曾被合伙人欺骗。从未退缩的张茵凭借豪爽与公道逐渐赢得了同行的信任，废纸商贩都愿意把废纸卖给她，尽管她的粤语说得不好，但是诚信之下，沟通不是问题。

6 年时间很快过去，赶上香港经济蓬勃时期的张茵不但站稳了脚跟，而且还在完成资本积累的同时，把目光投向了美国市场。因为有了在香港积累的丰富创业实践经验和一定资本，加之美国银行的支持，1990 年起，张茵的中南控股（造纸原料公司）成为美国最大的造纸原料出口商，美国中南有限公司先后在美建起了 7 家打包厂和运输企业，其业务遍及美国、欧亚各地，在美国各行各业的出口货柜中数量排名第一。

成为美国废纸回收大王后，独具慧眼的张茵有了新的想法：做中国的废纸回收大王！ 1995 年，玖龙纸业在广东东莞投建。12 年后，玖龙纸业产能已近 700 万吨，成为一家市值 300 多亿港元的国际化上市公司……

从张茵的身上，我们看到了她的专注与坚定。她无论做什么事，都全身心地投入。只要全心全意想要做好一件事，无论遇到什么困难与挫折，只要沉着应对，都可以化险为夷。

有人说，挡住人前进步伐的不是贫穷或者困苦的生活环境，而是内心对自己的怀疑。但是，如果一个人内心里始终装着自己的目标，并且能够耐得住寂寞，静下心来学着为自己的目标积累能量，坚定不移地为实现自己的目标而努力，那么即使他贫穷到买不起一本书，仍然可以通过借阅来获得知识。

人若是耐不住寂寞，老是眼红别人的成就，则不免会产生愤懑之心，要么悲叹命运之苦，要么控诉社会不公，这样一来，难免会让自己陷入负面情绪当中，而影响了自己的前程。

把自己"逼"上巅峰

把自己"逼"上巅峰，首先要给自己一片没有后路的悬崖，这样才能发挥出自己最大的能力。力挽狂澜的秘密就在于此。

中国有句成语叫"背水一战"。它的意思是背靠江河作战，没有退路，我们常常用它来比喻决一死战。背水一战，其实就是把自己的后路斩断，以此将自己逼上"巅峰"。这个成语来源于《史记·淮阴侯列传》，这个典故对于处于苦境中的人来说有着启示意义。

韩信是汉王刘邦手下的大将。为了打败项羽，夺取天下，他为刘邦定计，先攻取了关中，然后东渡黄河，打败并俘虏了背叛刘邦、听命于项羽的魏王豹，接着韩信开始往东攻打赵王歇。

在攻打赵王时，韩信的部队要通过一道极狭井陉口。赵王手下的谋士李左车主张一面堵住井陉口，一面派兵抄小路切断汉军的辎重粮草，这样韩信小数量的远征部队没有后援，就一定会败走。但大将陈余不听，仗着兵力优势，坚持要与汉军正面作战。韩信了解到这一情况，不免对战况有些担心，但他同时心生一计。他命令部队在离井陉 30 里的地方安营。到了半夜，他让将士们吃些点心，并告诉他们打了胜仗再吃饱饭。随后，他派出两千轻骑从小路隐蔽前进，要他们在赵军离开营地后迅速冲入赵军营地，换上汉军旗号；又派一万军队故意背靠河水排列阵势来引诱赵军。

到了天明，韩信率军发动进攻，双方展开激战。不一会儿，汉军假意败回水边阵地，赵军全部离开营地，前来追击。这时，韩信命令主力部队出击，背水结阵的士兵因为没有退路，也回身猛扑敌军。赵军无法取胜，正要回营，忽然发现营中已插遍了汉军旗帜，于是四散奔逃。汉军乘胜追击，以少胜多，打了一个大胜仗。

在庆祝胜利的时候，将领们问韩信："兵法上说，列阵可以背靠山，前面可以临水泽，现在您让我们背靠水排阵，还说打败赵军再饱饱地吃一顿，我们当时不相信，然而最后竟然取胜了，这是一种什么策略呢？"

韩信笑着说："这也是兵法上有的，只是你们没有注意到罢了。兵法上不是说'陷之死地而后生，置之亡地而后存'吗？

如果是有退路的地方，士兵都逃散了，怎么能让他们拼死一搏呢？"

所以在生活中，我们在遇到困难与绝境时，也应该如兵法中所说的那样"置之死地而后生"，要有背水一战的勇气与决心，这样才能发挥自己最大的能力，将自己逼上生命的巅峰。在这种情况下，往往事情会出现极大的转机。

给自己一片没有退路的悬崖，把自己"逼"上巅峰，从某种意义上说，是给自己一个向生命高地冲锋的机会。如果我们想改变自己的现状，改变自己的命运，那么首先应该改变自己的心态。只要有背水一战的勇气与决心，我们一定能突破重重障碍，走出绝境。

所以我们要保持这样的心态，在使自己处于不断积极进取的状态时，就能形成自信、自爱、坚强等品质，这些品质可以让我们的能力源源涌出。你若是想改变自己的处境，那么就改变自己身心所处的状态，勇敢地向命运挑战。一旦你决心背水一战，拼死一搏，你便可以把你蕴藏的无限潜能充分发挥出来，让自己创造奇迹，做出令人瞩目的成绩，登上命运的巅峰。

你只需努力，剩下的交给时光

没有人注定不幸，你绝对不比其他人更不幸。不要因为没有鞋子而哭泣，看看那些没有脚的人吧！绝对不要把自己想象成最不幸的人，否则，你就真正成了最不幸的人。

据说，世界上只有两种动物能到达金字塔顶端：一种是老鹰，还有一种就是蜗牛。

老鹰和蜗牛，它们是如此不同：鹰矫健凶狠，蜗牛弱小迟钝。鹰性情残忍，捕食猎物甚至吃掉同类从不迟疑。蜗牛善良，从不伤害任何生命。鹰有一对飞翔的翅膀，而蜗牛背着一个厚重的壳。它们从出生就注定了一个在天空翱翔，一个在地上爬行，是完全不同的两种动物，唯一相同的是它们都能到达金字塔顶。

鹰能到达金字塔塔顶，归功于它有一双善飞的翅膀。也因为这双翅膀，鹰成为最凶猛、生命力最强的动物之一。与鹰不同，蜗牛能到达金字塔顶、主观上是靠它永不停息的执着精神。虽然爬得极其缓慢，但是每天坚持不懈，蜗牛总能登上金字塔顶。

我们中间的大多数人都是蜗牛，只有一小部分能拥有优秀的先天条件，成为鹰。但是先天的不足，并不能成为自暴自弃的理由。因为，没有人注定命中不幸。要知道，在攀登的过程中，蜗牛的壳和的鹰的翅膀，起的是同样的作用。可惜，生活中，大多数人只羡慕鹰的翅膀，很少在意蜗牛的壳。所以，我们处于社会下层时，无须心情浮躁，更不应该抱怨颓废，而应该静下心来，学习蜗牛，每天造步一点点、总有一天、你也能登上成功的"金字塔"。

高尔基早年生活十分艰难，3岁丧父，母亲早早改嫁。在外祖父家，他遭受了很大的折磨。外祖父是一个贪婪、残暴的老头儿。他把对女婿的仇恨统统发泄到高尔基身上，动不动就责骂，毒打他。更可恶的是，他那两个舅舅经常变着法儿侮辱这个幼小的外甥，使高尔基在心灵上过早地领略了人间的丑恶。只有慈爱的外祖母是高尔基唯一的保护人，她真诚地爱着这个可怜的小外孙，每当他遭到毒打时，外祖母总是搂着他一起流泪。

高尔基在《童年》中叙述了他苦难的童年生活。在19岁那年，高尔基突然得到一个消息：他最为慈爱的、唯一的亲人外祖母，在乞讨时跌断了双腿，因无钱医治，伤口长满了蛆虫，最后惨死在荒郊野外。

外祖母是高尔基在人世间唯一的安慰。这位老人劳苦了一辈子，受尽了屈辱和不幸，最后竟这样惨死。这个噩耗几乎把高尔基击懵了。他不由得放声痛哭，几天茶饭不进。每当夜晚，他独自坐在教堂的广场上呜咽流泪，为不幸的外祖母祈祷。1887年12月12日，高尔基觉得活在人间已没有什么意义。这个悲伤到极点的青年，从市场上买了一支旧手枪，对着自己的胸膛开了枪。但是，他还是被医生救活了。后来，他终于战胜了各种各样的灾难，成为世界著名的大文豪。

你要明白，没有人命定不幸。你的困难、挫折、失败，其他人同样可能遇到，而其他人遇到的更大的困难、挫折、失败，你却没有遇到，你绝对不比其他人更不幸。不要因为没有鞋子而哭泣，看看那些没有脚的人吧！绝对不要把自己想象成最不幸的，否则，你就真正成了最不幸的人。要知道，没有什么困难能够打垮你，唯一能够打垮你的就是你自己，那就是你把自己看作最不幸的人。

许多人常常把自己看作最不幸的、最苦的人，实际上许多人比你的苦难还要大，还要苦。大小苦难都是生活中所必须经历的。苦难再大也不能丧失生活的信心、勇气。与许多伟大的人物所遭受的苦难相比，我们所遭到的困难又算得了什么？名人之所以成为名人，大都是因为他们在人生的道路上能够承受住一般人所无法承受的种种磨难。他们面对事业上的不顺、情场上的失意、身体上的疾病、家庭生活中的困苦与不幸，以及各种心怀恶意的小人的诽谤与陷害时，没有沮丧，没有退缩，而是咬紧牙关，擦净那饱受创伤的心所流出的殷红的鲜血和悲愤的泪水，奋力抗争，不懈地拼搏，用自己惊人的毅力和不屈的奋斗精神，为人类的文明和社会的进步做出了卓越的贡献，从而成为风靡世界的名人。

人生需要的不是抱怨、自怜，而是扎扎实实、艰苦地奋斗。人是为幸福而活着的，为了幸福，苦难是完全可以接受的。

人生的苦难与幸福是分不开的。人类的幸福是人类通过长期不懈的努力而逐步得到的，这其中要经历各种苦难，这正像人们常讲的，幸福是由血汗造就的。有些人太单纯、太简单了，他们只要幸福而不要苦难。切记，拒绝苦难的人，就不可能拥有幸福。

当你竭尽全力，命运自会主持公道

不论你的出身如何，不论别人是否看得起你，首先你要自己看得起自己。只有相信自己的价值，才能保持奋发向上的劲头。

人类有一样东西是不能选择的，那就是每个人的出身。在现实生活中，我们常常遇到这样一群人：他们以自己穷困的出身来判定自己未来的生活道路，他们因自己角色的卑微而用微弱的声音与世界对话，他们总是因暂时的生活窘迫而放弃了儿时的绮丽梦想，他们还因为自己的其貌不扬而低下了充满智慧的头颅。

难道一个人出身卑微注定就会永远卑微下去吗？难道命运不是掌握在自己手中吗？实际上，一个人即便身份卑微，也不代表会命运多舛，幸运往往垂青努力奋斗的人！所以，如果你出身卑微，那么就努力奋斗吧！

韩国贫民总统卢武铉在 1946 年出生于韩国金海市郊的一个小村庄。卢武铉的父母都是农民，靠种植庄稼和桃子为生。他的故乡十分偏远贫穷，连村里人都说"即使乌鸦飞来这里，也会因没有食物而哭着飞回去"。

卢武铉曾经说过："在韩国政坛，如果你没有钱，或者没有势力，很难当上总统候选人，更别提获胜了，然而我，这两样都没有。"有人说，卢武铉的政治经历与美国前总统林肯十分相似，对此，卢武铉也有同感。林肯是美国 200 多年历史上为数不多的贫民总统，他上任伊始就遇到美国南北冲突；而韩国的这位贫民总统卢武铉，则遇上了朝鲜核危机。

1968 年，卢武铉进入韩国陆军服兵役，34 个月后退役返乡。卢武铉知道自己学识不够，也知道家中没有钱供他读书，于是他开始自学法律。勤奋刻苦的他于 1975 年 4 月通过韩国第十七届司法考试，由此开始了自己的律师生涯。

在卢武铉的律师生涯中，他始终为社会的公正而奋斗。1981 年，卢武铉勇敢地站出来，为 12 名被政府指控为"私藏禁书"的大学生辩护。因为此事，卢武铉有了些名气，被一些媒体称为"人权律师"。6 年后，卢武铉又因支持"非法罢工"而遭逮捕，并且被剥夺了 6 个月的律师权。牢狱之苦激起了卢武铉通过从政实现自己政治抱负的信念。

1988 年，卢武铉步入政坛，当选为国会议员。自 1992 年起，卢武铉 3 次放弃了自己在汉城的优势选区，赴釜山进行议员和市长的竞选，结果接连 3 次饮恨釜山。一批选民被卢武铉的精神感动，自发成立了一个叫"爱卢会"的组织。该组织在民间迅速扩展，以至韩国上下掀起了一股支持卢武铉的热潮，被舆论称为"卢旋风"。凭借这股"卢旋风"，卢武铉顺利当选了议员和市长，之后又登上了总统宝座。

所以，一个人虽然不能选择自己的出身，但可以选择自己的道路。只要踏上正确的人生之路，并能义无反顾地勇往直前，就一定能创建一番辉煌的业绩。

多年前的一个傍晚，一位叫皮埃尔的青年移民，站在河边发呆。这天是他30岁生日，但他不知道自己是否还有活下去的必要。

因为皮埃尔从小在福利院里长大，而且他长相丑陋，身材也非常矮小，讲话又带着浓厚的法国乡下口音，因此他一直很瞧不起自己，认为自己是一个既丑又笨的乡巴佬儿，连最普通的工作都不敢去应聘，他没有家，也没有工作。

就在皮埃尔徘徊于生死之间的时候，与他一起在福利院长大的好朋友亨利兴冲冲地跑过来对他说："皮埃尔，告诉你一个好消息！"

皮埃尔一脸悲戚地说："好消息从来就不属于我。"

"你听我说，我刚刚从收音机里听到一则消息：拿破仑曾经丢失了一个孙子。播音员描述的相貌特征，与你丝毫不差！"

"真的吗，我竟然是拿破仑的孙子？"皮埃尔一下子精神大振。想到自己的爷爷曾经以矮小的身材指挥着千军万马，用带着科西嘉口音的法语发出威严的军令，他顿时感到自己矮小的身材同样充满力量，讲话时的法国口音也带着几分威严和高贵。

第二天一大早，皮埃尔便满怀自信地来到一家大公司应聘。结果，他竟然一应即聘。

10年后，已成为这家大公司总裁的皮埃尔，查证了自己并非拿破仑的孙子，但这早已不重要了。

现在你受的苦，必将照亮你未来的路

所以，每一个人都应该相信上天是公平的，只是有时上天会和我们开个小小的玩笑，会把那些聪慧的宠儿放在卑微贫困的人群中间，就像我们常把贵重的物品藏在家中最不起眼的地方一样，如此让他们远离金钱和权势，让他们从一出生就在黑暗的洞穴中徘徊，看不到光明，以此来作为对他们的考验。

上天一定会青睐那些从黑暗中走出来的人——他们有着坚强的生存意识、果敢的斗志、不屈的傲骨和出众的天赋。他们必将会在某个有价值的领域脱颖而出。请相信命运的公正吧！一个人只要知道自己将到哪里去，那么全世界都会给他让路。

如果不得不跪在地上，那我们就用双膝奔跑

成长其实就是不断战胜挫折的一个过程。经历过挫折的生命，便是那绚丽无比的彩虹。

城里的儿子回农村老家，发现自家玉米地里的玉米长得很矮，土地已干旱，而周围其他地里的苗子已长得很高。当儿子买了化肥、挑起粪桶准备浇地时，却被父亲阻止了。父亲说，这叫控苗。玉米才发芽的时候，要旱上一段时间，让它深扎根，以后才能长得旺，才能抵御大风大雨。过了个把月，一个狂风骤雨的日子，儿子果然看到除了自家地里的玉米安然无恙外，别人都在地里扶刮倒了的玉米。

种玉米的故事，似乎亦告诉我们同样的人生道理：年轻时苦一点，受一点挫折，没关系，它只会让人多一点阅历，长一点见识，并因此而坚强起来，因此而获取成功。

在生活中，挫折是不可避免的。但是，只要我们正确地看待挫折，敢于面对挫折，在挫折面前无所畏惧，克服自身的缺点，在困难面前不低头，那么，顽强的精神力量就可以征服一切。不是吗？曾任美国总统的林肯一生中就遭遇过无数次失败和打击，然而他英勇卓绝，败而不馁。不正是因为这惊人的顽强毅力才使他走上光辉大道吗？

不经历风雨，怎能见彩虹？的确，人生需要挫折。当挫折向你微笑，此刻你就会明白：挫折孕育着成功。

有一位穷困潦倒的年轻人，身上全部的钱加起来也不够买一件像样的西服。但他仍全心全意地坚持着自己心中的梦想——他想做演员，当电影明星。

好莱坞当时共有 500 家电影公司，他根据自己仔细划定的路线与排列好的名单顺序，带着为自己量身定做的剧本一一前去拜访。但第一遍拜访下来，500 家电影公司没有一家愿意聘用他。

面对无情的拒绝，他没有灰心，从最后一家电影公司出来之后不久，他就又从第一家开始了他的第二轮拜访与自我推荐。

第二轮拜访也以失败而告终。第三轮的拜访结果仍与第二轮相同。

但这位年轻人没有放弃，不久后又咬牙开始了他的第四轮拜访。当拜访第350家电影公司时，这里的老板竟破天荒地答应让他留下剧本先看一看。他欣喜若狂。

几天后，他获得通知，请他前去详细商谈。就在这次商谈中，这家公司决定投资开拍这部电影，并请他担任自己所写剧本中的男主角。

不久这部电影问世了，名叫《洛奇》。这个年轻人就是好莱坞著名演员史泰龙。

面对一千多次的拒绝，所需要的勇气是我们难以想象的。但正是这种勇敢，这种不轻言放弃的精神，这种对自己理想的执着追求，让故事中的年轻人的梦想得到了实现。在我们实现梦想的路途中，也会不可避免地遭遇到种种挫折，让我们用执着为自己导航，坚定地树起乘风破浪的风帆，坚信终有一天成功的海岸线会在我们眼里出现。

挫折是一座大山，想看到大海就得爬过它；挫折是一片沙漠，想见到绿洲就得走出它；挫折还是一道海峡，想见到大陆就得游过它。

挫折是可怕的，但却是成长路上不可缺少的基石。

挫折是会给人带来伤害，但它还会给我们带来成长的经验。被开水烫过的小孩子是绝不会再将稚嫩的小手伸进开水里的。即使他再顽皮，他也会记得开水带来的伤痛。被刀子割破了手指的小孩子是绝不会再肆无忌惮地拿着刀子玩耍的，因为他知道刀子很危险。孩子们经历了挫折，但他们换来了成长的经验。这不正是我们所说的"坏事变好事"吗?

有位名人说过:"勇者视挫折为走向成功的阶梯,弱者视之为绊脚石。"上天之所以要制造这么多的挫折,就是为了让你在挫折中成长。当你战胜种种挫折,蓦然回首时,你就会惊喜地发现,你成熟了。

青春的使命不是"竞争",而是"成长"

人生旅途中,似乎不总是那么一帆风顺、如愿如期,总有一些或多或少的困难与挫折。家家有本难念的经!既然上天给了我们一次锻炼与考验的机会,那我们又何必那么吝啬,畏首畏尾,退避三舍呢?与其在那儿蜷缩手脚、闷闷不乐,倒不如在逆境中顽强拼搏,急流勇退。或许我们能改变现状,毕竟是"山重水复疑无路,柳暗花明又一村",天无绝人之路。当老天为你关闭这扇窗时,必定也为你打开了另一扇窗,只是你缺少睿智的眼睛。

一位父亲很为他的孩子苦恼。因为他的儿子已经十五六岁了,可是一点儿男子气概都没有。于是,父亲去拜访一位禅师,请他训练自己的孩子。

禅师说:"你把孩子留在我这边,3个月以后,我一定可以把他训练成真正的男人。不过,这3个月里面,你不可以来看他。"

父亲同意了。

3个月后，父亲来接孩子。禅师安排孩子和一个空手道教练进行一场比赛，以展示这3个月的训练成果。

教练一出手，孩子便应声倒地。他站起来继续迎接挑战，但马上又被打倒，他就又站起来……就这样来来回回一共16次。

禅师问父亲："你觉得你孩子的表现够不够男子气概？"

父亲说："我简直羞愧死了！想不到我送他来这里受训3个月，看到的结果是他这么不禁打，被人一打就倒。"

禅师说："我很遗憾你只看到表面的胜负。你有没有看到你儿子那种倒下去立刻又站起来的勇气和毅力呢？这才是真正的男子气概啊！"

不断地倒下，再不断地爬起，正是在这种磕磕碰碰中我们成长了。故事中男子汉的气概并不是表现在跌倒的次数比别人少，而是在于，每次跌倒后，都有爬起来再次面对困难的勇气和不达目的誓不罢休的毅力。

每个人都在成长，这种成长是一个不断发展的动态过程。也许你在某种场合和时期达到了一种平衡，而平衡是短暂的，可能瞬间即逝，不断被打破。成长是无止境的，生活中很多东西是难以把握的，但是成长是可以把握的，这是对自己的承诺。也许我们再努力也成不了刘翔，但我们仍然能享受奔跑。可能有人会妨碍你的成功，却没人能阻止你的成长。换句话说，这一辈子你可以不成功，但是不能不成长。

抑郁症、躁郁症正威胁着现代人，仍有许多人无法坦然面对。但有谁想得到，曾两度夺得香港电影金像奖最佳导演的尔冬升原来也曾受抑郁症的折磨。不过，他就是从那时开始才学会成长，从而一步步走向成熟，拍出了《旺角黑夜》这样成功的电影。

面对激烈的竞争、种种挑战和痛苦，我们唯一能做的就是迅速充实自己，成长起来，只有这样，才不会被困难和挑战击倒。

在逆境中学会成长，姑且看成是上天对我们"特别"的关怀，对我们的怜悯与施舍，我们也应做出成绩，做出榜样。在逆境中提升人格的力量，磨砺性格的力量，增强信念的力量，最后交织融合，升华自己生命的力量。

逆境不但不会把人打倒与压垮，反而能让人的潜能最大限度地迸发出来，创造出乎预料的奇迹。"文王拘而演《周易》；仲尼厄而作《春秋》；屈原放逐，乃赋《离骚》；左丘失明，厥有《国语》；孙子膑脚，兵法修列；不韦迁蜀，世传《吕览》；韩非囚秦，《说难》《孤愤》；《诗》三百篇，大抵圣贤发愤之所作也。"张海迪、霍金……他们都是在困难挫折面前，顽强奋发，自力更生，最终战胜磨难，实现了个人的价值。是啊！不经历风雨怎能见彩虹，"不经一番寒彻骨，怎得梅花扑鼻香"？逆境在某种程度上能造就我们的成功。

允许自己犯错，学会在逆境中成长，我们的羽翼会更加丰满，便能飞向天涯海角；我们的心胸会更加宽广，便能容纳百川，吸吮万千；我们的双臂会更加结实与厚重，便能承载千山万水、艰浪险滩。

第四章

时间用在哪里，掌声就在哪里

给自己定一个终生目标

志存高远，执着追求，是一切成功者的共同特征。

放眼古今中外，无数杰出人士都具有远大的终生目标。汉司马迁一生著《史记》，"欲究天人之际，成一家之言"；鲁迅"横眉冷对千夫指，俯首甘为孺子牛"，用一支笔为同胞呐喊终生。

有一年，一群踌躇满志、意气风发的天之骄子从哈佛大学毕业了，他们的智力、学历、环境条件都相差无几。临出校门，哈佛大学对他们进行了一次关于人生目标的调查。结果是这样的：

27％的人，没有目标；60％的人，目标模糊；10％的人，有清晰但比较短期的目标；3％的人，有清晰而长远的目标。

25年后，哈佛大学再次对这群学生进行了跟踪调查。结果是这样的：

3％的人，25年间朝着一个方向不懈努力，几乎都成为社会各界的成功之士，其中不乏行业领袖、社会精英；

10％的人，他们的短期目标不断实现，成为各个领域中的专业人士，大都生活在社会的中上层；

60％的人，安稳地生活与工作，但都没有什么特别的成绩，几乎都生活在社会的中下层；

剩下 27% 的人，生活没有目标，过得很不如意，并且常常在埋怨他人、抱怨社会、抱怨这个"不肯给他们机会"的世界。

其实，他们之间的差别仅仅在于 25 年前，他们中的一些人知道自己的人生目标，而另外一些人则不清楚自己的目标或目标模糊。

一个没有目标的人，很容易受到一些微不足道的诸如忧虑、恐惧、烦恼和自怜等情绪的困扰。所有这些情绪都是软弱的表现，都将导致无法回避的过错、失败、不幸和失落。因为在一个权力扩张的世界里，软弱是不可能保护自己的。

一个人应该在心中树立一个目标，然后着手去实现它。他应该把这一目标作为自己思想的中心。这一目标可能是一种精神理想，也可能是一种世俗的追求，这当然取决于他此时的本性。但无论是哪一种目标，他都应将自己思想的力量全部集中于他为自己设定的目标上面。他应把自己的目标当作至高无上的任务，应该全身心地为它的实现而奋斗，而不允许他的思想因为一些短暂的幻想、渴望和想象而迷路。

终生目标应该是一个人终生所追求的固定的目标，生活中其他的一切事情都围绕着它而存在。

为了找到或找回你人生的主要目标，年轻朋友可以问自己几个问题，比如：

我想在我的一生中成就何种事业？

临终之时回顾往事，一生中最让我感到满足的是什么？

在我的日常生活中哪一类的成功最使我产生成就感？

我最热爱的工作是什么？

如果把它作为自己终生的事业，怎样做到在有利于自己的同时，也对别人有帮助？

我有哪些特殊的才能和禀赋？

我周围有什么资源可以帮助我实现自己的目标？

除此以外，我还需要什么才能实现自己的目标？

有没有什么职业是我内心觉得有一种声音在驱使我去做的，而且它同时也会让我在物质上获得成功？

阻碍我实现自己目标的因素又有哪些？

我为什么没有现在去行动，而是仍然在观望？

要行动的话，第一步该做什么？

年轻的朋友，认真、慎重地思考上述问题，你会发现，它对你寻找、定位自己的远大目标，将有切实的帮助。

努力找到我们的终生目标吧，它是人生永远不枯竭的原动力。

每天都知道下一步要做什么

古人说："千里之行，始于足下。"我们青少年在设定终生目标后，应该将目标分成几个可以实现的小目标，然后为每一步小目标规定切实可行的期限，这样，从一开始我们就能看到成功，有利于自信心的不断提高。这有点儿类似于远征，一步一步地走，一段一段地走，最终到达目的地。每走完一段路，离目标更近，自信心也就更强。

我们每一天都应问自己：

现在在人生之中算是一个什么样的时期，是不是符合发展目标？每天都在做什么，得到的是不是现在最想要的或是最应该得到的？明天应该做什么，下一步应该做什么，要为完成目标准备些什么？手里的东西是否可以放下，是否真的愿意……

几十年前，一个在贫民窟里长大的、身体瘦弱的穷小子，却在日记里立志长大后要做美国总统。但如何能实现这样宏伟的抱负呢？年纪轻轻的他，经过几天几夜的思索，拟定了这样一系列的连锁目标：

做美国总统首先要做美国州长，要竞选州长必须得到有雄厚财力的后盾的支持，要获得财团的支持就一定得融入财团，要融入财团就最好娶一位豪门千金，要娶一位豪门千金必须成为名人，成为名人的快速方法就是做电影明星，做电影明星的前提是练好身体、练出阳刚之气。

按照这样的思路，他开始一步步地走下去。一天，他看到了著名的体操运动主席库尔后，他相信练健美是强身健体的好点子，因而萌生了练健美的兴趣。他开始刻苦而持之以恒地练习健美，他渴望成为世界上最结实的壮汉。3年后，借着发达的肌肉，一身雕塑似的体魄，他成为健美先生。

在以后的几年中，他成为欧洲、世界、奥林匹克的健美先生。在22岁时，他踏入了美国好莱坞。在好莱坞，他花费了10年，利用在体育方面的成就，一心去表现坚强不屈、百折不挠的硬汉形象。终于，他在演艺界声名鹊起。当他的电影事业如日中天时，女友的家庭在二人相恋9年后，也终于接纳了这位"黑脸庄稼人"。他的女友就是赫赫有名的肯尼迪总统的侄女。

恩爱的婚姻生活过去了十几个春秋。他与太太生育了4个孩子，建立了一个"五好"的典型家庭。2003年，年逾57岁的他，告老退出了影坛，转为从政，成功地竞选成为美国加州州长。

他就是阿诺德·施瓦辛格。

如同施瓦辛格一样，渴望杰出的青少年每天都应知道下一步要做什么。

你需要有一个详细的个人发展计划。这个计划可以是一个5年的计划，也可以是一个10年、20年的计划。不管是属于何种时间范围的计划，它至少应该能够回答如下问题：

1. 我要在未来5年、10年或20年内实现什么样的一些职业或个人的具体目标？

2. 我要在未来5年、10年或20年内挣到多少钱或达到何种程度的挣钱能力？

现在你受的苦，必将照亮你未来的路

3. 我要在未来5年、10年或20年内有什么样的一种生活方式?

著名的潜能开发专家安东尼·罗宾曾提出如下建议,相信对我们会大有裨益:

好好计划每一天的生活。你希望和谁在一起呢?你要做什么?你要如何开始这一天?你要朝哪一个方向前进?你要得到什么样的结果?希望你从起床开始,一直到上床,全天都有妥当的计划。

年轻的朋友,别忘了,你所有的结果与行为都来自内心的构思,因此就照你所期望的方式,好好计划你的每一天吧!

许下一个愿望,用行动去实现

有一个很落魄的青年人,每隔三两天就到教堂祈祷,而他的祷告词几乎每次都相同。

第一次,他来到教堂跪在圣坛前,虔诚地低语:"上帝啊,请念在我多年敬畏您的分儿上,让我中一次彩票吧!"

几天后,他又垂头丧气地回到教堂,同样跪着祈祷:"上帝啊,为何不让我中彩票呢?请您让我中一次彩票吧!"又过了几天,他再次去教堂,同样重复他的祈祷。如此周而复始,不间断地祈求着,直到最后一次,他跪着说:"我的上帝,为何您听不到我的祈求？让我中彩票吧！只要一次就够了……"就在这时，圣坛上突然发出了一个洪亮的声音："我一直在垂听你的祷告，可是，最起码你也应该先去买一张彩票吧！"

这个看似荒诞的故事也说明了一个问题：一旦有了梦想，就必须用行动去实现。如果有梦想而没有努力，有愿望而不能拿出力量来实现，这是不足以成事的。只有下定决心，历经学习、奋斗、成长，才有资格摘下成功的甜美果实。

而大多数的人，在开始时都拥有很远大的梦想，只是他们从未采取行动去实现这些梦想，缺乏决心与实际行动的梦想于是开始萎缩，种种消极与不可能的思想衍生，甚至于就此不敢再存任何梦想，过着随遇而安、乐天知命的平庸生活。

这也是成功者总是占少数的原因。

英国前首相本杰明·笛斯瑞利曾指出，虽然行动不一定能带来令人满意的结果，但不采取行动就绝无满意的结果可言。

因此，如果你想取得成功，就必须先从行动开始。一个人的行为影响他的态度，行动能带来回馈和成就感，也能带来喜悦。

天下最可悲的一句话就是："我当时真应该那么做，但我却没有那么做。"经常会听到有人说："如果我当年就开始那笔生意，早就发财了！"一个好创意胎死腹中，真的会叫人叹息不已，永远不能忘怀。如果真的彻底施行，当然就有可能带来无限的满足。

年轻的朋友，你现在已经有一个好愿望，想到一个好创意了吗？如果有，马上行动。

将一个愿望真正落实到行动上，应遵循以下原则：

1. 做好各种准备工作，考察愿望是否切实可行。

2. 制订每年、每月、每日的行动步骤表，按计划去做。

3. 安排好行动计划的轻重缓急、先后次序。

4. 行动方案应明晰化、细致化，这样落实起来，才能到位，才能更有效率。

你决定自己要成为的那个人

我们常说的"燕雀安知鸿鹄之志"的典故出于《史记·陈涉世家》。

陈胜是阳城人（今郑州登封）。他年轻时是个雇工，给人耕田种地，长年累月像牛马一样受苦受罪，心里很是不平。有一天，在耕地中途他忽然停下手来，走到田垄上，握拳作势，怅然愤恨了许久，然后对伙伴们说："要是将来谁富贵了，彼此都不要忘掉。"伙伴们笑着回他说："你是个雇佣耕田工，哪里会有什么富贵呢？"陈胜叹息道："唉，燕雀安知鸿鹄之志哉（燕子、麻雀这些小鸟哪里能理解大雁和天鹅的志向啊）？"这个故事表明了秦末农民起义领袖之一陈胜年少时就有像大鸟鹏程万里的远大志向。

所以说，确立远大的志向对于我们的人生具有重要的意义。志向作为一种价值目标，能够激发人们的意志和激情，产生一种强大的精神动力，激励人们以积极、主动、顽强的精神投身于生活，对人生抱有积极向上的进取精神和乐观态度。

在我国历史上，那些人民英雄、民族英雄都是具有远大志向的人。

夏禹为了治水，九年在外，三过家门而不入。

秦国李冰父子为了解决成都盆地的洪涝灾害，带领百姓治水，克服了无数困难，建成了闻名于世的都江堰。

汉代的霍去病，为了国家的安宁，长期驻守在边关，坚持抵御匈奴的侵略，在戎马中度过了自己的一生。当击退了匈奴的入侵，汉武帝准备给他大盖府第以酬报他的功绩时，他却说："匈奴未灭，何以为家？"

北宋的名将岳飞，离别妻母，转战疆场，为了挽救国家的危亡，最后和自己的儿子岳云一起被奸佞害死在风波亭。

南宋末年的文天祥曾说："人生自古谁无死，留取丹心照汗青。"

清代民族英雄林则徐，坚持抵御英殖民主义的侵略，直至被充军到新疆后，仍不灰心，一直没有忘记外国列强对我国的侵略，并在边疆和当地百姓一起修水利，栽葡萄，为人民造福。

志向，是人生前进的目标和导航的灯塔，是鼓舞人们去努力

现在你受的苦，必将照亮你未来的路

拼搏的动力。南宋哲学家朱熹说："大丈夫不可无气概"，"立志不坚，终不济事"。他在批评当时庸俗的社会风尚时，说道："今人贪利禄，而不贪道义，要做贵人，不做好人，皆是志不立之病。"北宋文学家苏轼指出："天下未有其志而无其事者，亦未有无其志而有其事者。事因志立，立志则事成。古之立大事者，不惟有超世之才，亦必有坚忍不拔之志。"

幸福来源于为成功而奋斗，而成功的首要前提是立下远大而实际的志向。所以说，立志和人生的幸福是紧密联系的。每个人毕生都会思考这样的问题：人生的价值是什么？如何生活才算幸福？其实，一个人只要树立了远大的志向，他就会把远大志向的实现，视为人生的价值和幸福。

卡耐基认为，远大志向是对幸福的憧憬、向往和追求，幸福是远大志向的实现。志向的实现是令人神往的，是幸福的，而对志向的追求则能唤起人们的极大热忱，获得精神上的充实感，这本身也是一种幸福。所以，无数仁人志士为了追求和实现远大的奋斗目标，甘愿承担艰难困苦，他们从来都不会放弃，从来都不会绝望，他们以苦为乐，对生活始终抱着极大的希望。而那些没有远大志向的人，终日浑浑噩噩地生活，白白地浪费自己的一生。在他们的生活中也许没有多大的痛苦，但他们也不会有真正的幸福。

立志就应先学会收心。一个人清心寡欲，矢志不渝，这是人心向上的最好状态。然而在当今时代，人心容易浮躁，容易受声色犬马的诱惑，东追西逐，不知所至。这样的追求不再是美好的，反而犹如发狂的牲口，放逐于名疆利场。

立志，当然不能立歪志。中国古代讲修齐治平就表现出传统文化对于志的基本要求，就是要利国、利民、利天下。我们立定志向要有所为，而有所不为。面对涛涛人海，我们不能人云亦云，不可盲从，要敢于相信真理，相信自己的志向。虽千万人，吾往矣，这才是真正的鸿鹄之志！

那些倒在失败与挫折中的人，不是没有志向，只是他们没有坚持志向；那些在潦倒中绝望的人，不是因为他的志向太小，而是没有坚持下去。要知道他们也曾立下鸿鹄之志，但如果没有坚持下去，无论再大的志向也只是一场幻想；而那些志向坚定的人，无论他们的志向是小是大，那也是真正的"鸿鹄之志"！

定位改变人生

切合实际的定位可以改变我们的人生。

一件商品、一项服务、一家公司，甚至是一个人，都需要定位。

人生重要的是找到自己的位置，并做好所有这个位置要做的事情。坐在自己的位置上，最心安理得，也最长久。

在暴风雨过后的一个早晨，海边沙滩的浅水洼里留下许多被昨夜的暴风雨卷上岸来的小鱼。它们被困在浅水里，虽然近在咫尺，却回不了大海。被困的小鱼有几百条，甚至几千条。用不了多久，浅水洼里的水就会被沙粒吸干，被太阳蒸干，这些小鱼都会因干燥而死。

海边有三个孩子。第一个孩子对那些小鱼视而不见。他心想：这水洼里有成百上千条鱼，以我一人之力是根本救不过来的，我何必白费力气呢？

第二个孩子在第一个水洼边弯下腰去——他在拾起水洼里的小鱼，并且用力把它们扔回大海。第一个孩子讥笑第二个孩子："这水洼里这么多鱼，你能救得了几条呢？还是省点儿力气吧！"

"不，我要尽我所能去做！"第二个孩子头也不抬地回答。

"你这样做是徒劳无功的，有谁会在乎呢？"

"这条小鱼在乎！"第二个孩子一边儿回答，一边儿拾起一条小鱼扔进大海。"这条在乎，这条也在乎，还有这一条、这一条、这一条……"

第三个孩子心里在嘲笑前面两个家伙没有脑子：天上掉馅饼，多好的发财机会呀，干吗不紧紧抓住呢？于是，第三个孩子埋头把小鱼装进用自己的衣服做成的布袋里……

多年后，第一个孩子做了医生。他当班的时候，因为嫌病人家属带的钱太少而拒收一位生命垂危的伤者，致使伤者因没有得到及时的治疗而死去！迫于舆论压力，医院开除了见死不救的他。他心里觉得委屈。他想到了多年前海滩上的那一幕，始终不认为自己错了。"那么多的小鱼，我救得过来吗？"他说。

第二个孩子也做了医生。他医术高明，医德高尚，对待患者不论有钱没钱，都精心施治。他成了当地群众交口称赞的名医。他的脑子里也经常浮现出多年前海滩上的那一幕。"我救不了所有的人，但我还是可以尽我所能救一些人的，我完全可以减轻他们的痛苦。"他常常对自己说。

第三个孩子做了商人后，很快就发了横财。暴发后，他又用金钱开道，杀入官场，并且一路青云直上，最后，他因贪污受贿事发，被判处死刑。刑场上，他的脑子里浮现出多年前海滩上的那一幕：一条条小鱼在布袋里挣扎，一双双绝望的眼睛死死地瞪着他……

要找到自己的定位，必须首先了解自己的性格、脾气，了解了自己才能对自己有一个合适的定位。

每个人都可以在社会中寻找到适合自己的行业，并且把它做好。但并不是每个行业你都能做得最好，你需要寻找一个你最热爱、最擅长，能够做得最好的行业。

职业生涯定位就是自己这一辈子到底要成为一个什么样的人，自己的生命目的是什么，自己的核心价值观是什么，什么工作才是自己最好的工作，什么工作自己才能做得最好。

一个人的职业定位清晰，可以坚定自己的信念，可以明确自己的前进方向，可以发挥自己的最大潜能，可以实现自己的最大价值。毕竟，人生有限，我们没有太多的时间浪费在左右飘摇当中。

找到自己感兴趣的东西，找准自己的定位，是一个人成功的前提。

在给自己定位时，有一条原则不能变，即你无论做什么，都要选择你最擅长的。只有找准自己最擅长的，才能最大限度地发挥自己的潜能，调动自己身上一切可以调动的积极因素，并把自己的优势发挥得淋漓尽致，从而获得成功。

一个人只要找好自己的定位，然后为自己设定一个目标，用行动去实现自己的梦想，相信你以后也一定会成绩辉煌！

成功的秘诀，就是绝不放弃加一点忍耐

比尔·戴维斯是世界一流的保险推销大师。他的退休大会吸引了保险界的各路精英。许多同行问他："推销保险的秘诀是什么？如何才能像你一样成功？"

比尔·戴维斯坐在台上，自信地微笑着，看来对回答这个问题胸有成竹，早有准备。

这时，全场灯光逐渐暗了下来，接着从幕后走出了4名彪形大汉。他们合力扛着一座铁马，铁马下垂着一个大铁球。当现

场人士丈二和尚摸不着头脑时，铁马被抬到一个十分结实的讲台上。

比尔·戴维斯手执小锤，朝大铁球敲了一下，大铁球没有动；隔了5秒，他又敲了一下，大铁球还是没动。就这样，每隔5秒，他都再敲一下……

10分钟过去了，大铁球纹丝不动；20分钟过去了，大铁球依然纹丝不动；30分钟过去了，大铁球还是纹丝不动……

台下的同行开始骚动了，后来有人陆续离场而去，后来人越走越多，最后留下来的只有零星几个人。但是，比尔·戴维斯手执小锤，还是全神贯注地继续敲着大铁球。

经过40分钟后，大铁球终于开始慢慢地晃动起来，后来摇晃的幅度越来越大，就算有人想让大铁球立刻停下来，也是很难办到的事情了！

留下来的几个同行兴奋了，又开始追问他："推销保险的秘诀是什么？如何才能像你一样成功？"

一直默默不语的比尔·戴维斯说：

"只要方向对头，成功者，绝不会放弃，直至取得成功。"

起点低不要紧，有想法就有地位

不可否认，因为出生背景、受教育程度等各方面原因，每个人的起点有高低之分，但是起点高的人不一定能将高起点当作平台，走向更高的位置。起点低也不怕，心界决定一个人的世界，有想法才有地位。二十几岁的年轻人首先要渴望成功，才会有成功的机会。

《庄子》开篇的文章是"小大之辩"。说北方有一个大海，海中有一条叫作鲲的大鱼，宽几千里，没有人知道它有多长。又有一只鸟，叫作鹏。它的背像泰山，翅膀像天边的云，飞起来，乘风直上九万里的高空，超绝云气，背负青天，飞往南海。蝉和斑鸠讥笑说："我们愿意飞的时候就飞，碰到松树、檀树就停在上边；有时力气不够，飞不到树上，就落在地上，何必要高飞九万里，又何必飞到那遥远的南海呢？"

那些心中有着远大理想的人往往不能为常人所理解的，就像目光短浅的麻雀无法理解大鹏鸟的鸿鹄之志，更无法想象大鹏鸟靠什么飞往遥远的南海。因而，像大鹏鸟这样的人必定要比常人忍受更多的艰难曲折，忍受心灵上的寂寞与孤独。他们就要更加坚强，把这种坚强潜移到他的远大志向中去，这就铸成了坚强的信念。这些信念熔铸而成的理想将带给大鹏鸟一颗伟大的心灵，而成功者正脱胎于伟大的心灵。尤其是起点低的人，更需要一颗渴望成功的进取心。

"打工皇后"吴士宏是第一个成为跨国信息产业公司中国区总经理的内地人，是唯一一个取得如此业绩的女性，她的传奇也在于她的起点之低——只有初中文凭和成人高考英语大专文凭。

而她的秘诀就是"没有一点雄心壮志的人，是肯定成不了什么大事的"。

吴士宏年轻时命途多舛，还曾患过白血病。战胜病魔后她开始珍惜宝贵的时间。她仅仅凭着一台收音机，花了一年半时间学完了许国璋英语三年的课程，并且在自学的高考英语专科毕业前夕，她以对事业的无比热情和非凡的勇气通过外企服务公司成功应聘到 IBM 公司（International Business Machines Corporation，国际商业机器公司）。而在此前，外企服务公司向 IBM 推荐过好多人都没有被 IBM 聘用。她的信念就是："绝不允许别人把我拦在任何门外！"

在 IBM 工作的最早的日子里，吴士宏扮演的是一个卑微的角色，沏茶倒水，打扫卫生，完全是脑袋以下肢体的劳作。在那样一个先进的工作环境中，由于学历低，她经常被无理非难。吴士宏暗暗发誓："这种日子不会久的，绝不允许别人把我拦在任何门外。"后来，吴士宏又对自己说："有朝一日，我要有能力去管理公司里的任何人。"为此，她每天比别人多花 6 个小时用于工作和学习。经过艰辛的努力，吴士宏成为同一批聘用者中第一个做业务代表的人。继而，她又成为第一批本土经理，第一个 IBM 华南区的总经理。

在人才济济的 IBM，吴士宏算得上起点最低的员工了，但她十分"敢"想，想要"管理别人"。而一个人一旦拥有进取心，即使是最微弱的进取心，也会像一颗种子，经过培育和扶植，它就会茁壮成长，开花结果。

我们应该承认，教育是促使人获得成功的捷径。但吴士宏只有初中文凭和高考英语大专文凭，依然取得了成功。我们这里所指的教育是传统意义上的学校教育，你不妨就把它通俗而简单地理解为文凭。一纸文凭好比一块最有力的敲门砖，可能会有很多人质疑这一点，但是如果你知道人事部经理怎样处理成山的简历，你就会后悔当初没有上名牌大学了。他们会首先从学校中筛选，如果名牌大学应征者的其他条件都符合，他就不会再翻看其他的简历了。

但是，名牌大学就只有那么几所，独木桥实在难过。很多人在这一点上就落后了不少，于是在真正踏上社会，走入职场时，就会有起点差异。不过值得庆幸的是，很多成功者都是从低起点开始做起的，他们之所以能在落后于人的情况下后来居上，有进取心是不可忽略的一条。

上帝在所有生灵的耳边低语："努力向前。"如果你发现自己在拒绝这种来自内心的召唤，这种催你奋进的声音，那你可要引起注意了。当这个来自内心、催你上进的声音回响在你耳边时，你要注意聆听它，它是你最好的朋友，将指引你走向光明和快乐，将指引你到达成功的彼岸。

成功，从专注于小目标开始

二十几岁的年轻人如果想轻松打好人生这副牌，光有大目标做引导还不行，还必须一步一个脚印，确定每一个事业发展阶段的"短期目标"。

要实现自己的目标，需要把远期目标分解成一个个当前可实现的小目标。俗语说得好："罗马不是一天建成的。"既然一天建不成辉煌的罗马，我们就应当专注于建造罗马的每一天。这样，把每一天连起来，终将会与成功邂逅。

美国有个84岁的女士莫里斯·温莱，曾在1960年轰动美国。这位高龄老太太，竟然徒步走遍了整个美国。人们为她的成就感到自豪，也感到不可思议。

有位记者问她："你是怎么实现徒步走遍美国这个宏大目标的呢？"

老太太的回答是："我的目标只是前面那个小镇。"

莫里斯太太的话很有道理，其实，人生亦是如此，我们每个人都希望发现自己的人生目标，并为实现这个目标而生活和工作。如果你能把你的人生目标清楚地表达出来，就能帮助你随时集中精力，发挥出你人生进取的最高效率。

因此，如果我们不能一下子实现自己的目标，就应当将长期目标分解成一个个当前可实现的小目标，分段实现大目标。

现在你受的苦，必将照亮你未来的路

哈恩在 25 岁的时候，因失业而挨饿。他白天在马路上乱走，目标只有一个，躲避房东讨债。一天他在 42 号街碰到著名歌唱家夏里宾先生。哈恩在失业前，曾经采访过他。但是，他没想到的是，夏里宾竟然一眼就认出了他。

"很忙吗？"他问哈恩。

哈恩含糊地回答了他。哈恩想：他看出了自己的遭遇。

"我住的旅馆在 103 号街，跟我一同走过去好不好？"

"走过去？但是，夏里宾先生，60 个路口，可不近呢。"

"胡说，"他笑着说，"只有 5 个街口。是的，我说的是 6 号街的一家射击游艺场。"这里有些所答非所问，但哈恩还是顺从地跟他走了。

"现在，"到达射击场时，夏里宾先生说，"只有 11 个街口了。"

不大一会儿，他们到了卡纳奇剧院。

"现在，只有 5 个街口就到动物园了。"

又走了 12 个街口，他们在夏里宾先生的旅馆停了下来。奇怪得很，哈恩并不觉得怎么疲惫。夏里宾向他解释为什么要步行："今天的走路，你可以常常记在心里。这是生活中的一个教训。你与你的目标无论有多遥远的距离，都不要担心。把你的精力集中在 5 个街口的距离。别让那遥远的未来令你烦闷。"

这个例子告诉二十几岁的年轻人，不要迷失自己的目标，每次只把精力集中在面前的小目标上，这样，遥不可及的大目标便在眼前了。我们不必想以后的事，不必想一个月甚至一年之后的事，只要想着今天我要做些什么，明天我该做些什么，然后努力去完成，把手头的事办好了，成功的喜悦就会慢慢浸润我们的生命。

目标的力量是巨大的。目标远大，才能激发你心中的力量，但是，如果目标距离我们太远，我们就会因为长时间没有实现目标而气馁，甚至会因此变得自卑。所以我们实现大目标的最好方法，就是在大目标下分出层次，分步实现大目标。

在现实中，许多二十几岁的年轻人做事之所以会半途而废，往往不是因为难度较大，而是因为觉得距离成功太远。确切地说，他不是因为失败而放弃，而是因为倦怠而失败。所以二十几岁的年轻人一定要掌握这样的技巧：善于把大目标分解成小目标。如果能够尽力完成每一个阶段目标，那么最终的胜利也会唾手可得。

有了目标就全力以赴

成功者的一个显著特征就是：始终有一个明确的目标、清晰的方向，并且自信心十足、勇往直前地走向前方。不管别人怎么评价，只要自己的方向是对的，哪怕只有百分之零点一的可能性，成功者也会执着地去追求自己的目标。

现在你受的苦，必将照亮你未来的路

这也就是明明很多人的起点是差不多的，但是到了终点却有着很大不同的原因所在。并不是他们的能力相差多少，而是有的人目标明确，他们清楚地知道自己想要成为怎样的人，并且全力以赴地为之奋斗，于是他们成功了。而有的人可能也有目标，但是很快就忘记了，或者在实现目标的过程中，他们被困难吓倒了，于是他们的人生一无所成。

30年前，弗兰克还是一个13岁的少年时，他就要求自己有所作为。那时候，他把自己人生的目标不可思议地定在纽约大都会街区铁路公司总裁的位置上。

为了这个目标，他从13岁开始，就与一伙人一起为城市运送冰块。虽然他没有上过几天学，但是他依靠自己的努力，不断地利用闲暇时间学习，并想方设法向铁路行业靠拢。

18岁那年，经人介绍，他进入了铁路业，在长岛铁路公司的夜行货车上当一名装卸工。他觉得这对他而言，是一个十分难得的机遇。尽管每天又苦又累，但他都能保持一份快乐的学习心态，积极地对待自己的工作。他也因此受到赏识，被安排到铁路上，开始干一份检查铁轨和路基的工作。尽管每天只能赚1美元，但是，他感觉到自己已经向铁路公司总裁的职位迈进了。

随后，他又被调到铁路扳道工的岗位上。在这里，他依然勤奋工作，加班加点，并利用空闲帮主管们做一些书记工作。他觉得只有这样，才可以学到一些更有价值的东西。

后来，弗兰克回忆说："不知道有多少次，我不得不工作到午夜十一二点钟，才能统计出各种关于火车的赢利与支出、发动机耗量与运转情况、货物与旅客的数量等数据，做了这些工作后，我得到的最大收获就是迅速掌握了铁路各个部门具体运作细节的第一手资料。而这一点，没有几个铁路经理能够真正做到。通过这种途径，我已经对这一行业所有部门的情况了如指掌。"

但是，他的扳道员工作只是与铁路大建设有关联的暂时性工作，工作一结束，他立刻被解雇了。

于是，他找到了公司的一位主管，告诉他，自己希望能继续留在长岛铁路公司做事，只要能留下，做什么样的工作都可以。对方被他的诚挚感动，调他到另一个部门去清洁那些满是灰尘的车厢。

很快，他通过自己的实干精神，成为通往海姆基迪德的早期邮政列车上的刹车手。无论做什么工作，他始终没有忘记自己的目标和使命，不断地补充自己的铁路知识。

后来，弗兰克在成为公司总裁以后，依然废寝忘食地工作着。在纽约人来人往、川流不息的街道上，他每天负责指导运送100万乘客，至今也没有发生过任何重大的交通事故。

弗兰克在一次和朋友谈话时说："在我看来，对一个具有强烈上进心的年轻人来说，没有什么是不能改变的，也没有什么是不能实现的。一个具有强烈上进心的人无论从事什么样的工作，接受什么样的任务，都会积极地、充满热忱地对待它。这样的人无论在任何地方都会受到欢迎。他在依靠自身的努力向前迈进的时候，也会受到各方面的真诚相助。"

在目标实现的过程中，我们总会遇到很多困难，但是执着能让我们为了自己的理想而坚持下来，突出重围。一个下定决心就不再动摇的人，无形之中能给人一种最可靠的保证，他做起事来一定勇于负责，一定有成功的希望。

因此，二十几岁的年轻人做任何事，事先应固定一个最终的目标，一旦目标定下来之后，就千万不能再犹豫了，而应该遵照已经定好的计划，按部就班地去做，不达目的绝不罢休，这样才能更加靠近成功。

第五章

别让当下的不敢，成为未来的遗憾

永不丧失勇气的人，永远不会被打败

乔很爱音乐，尤其喜欢小提琴。在国内学习了一段时间之后，他把视线转到了国外，他想出国深造，但是他在国外没一个认识的人，他到了那里如何生存呢？这些他当然也想过，但是为了自己的音乐之梦，他勇敢地踏出了国门。维也纳是他的目的地，因为那里是音乐的故乡。这次出国的费用家里辛辛苦苦地凑了出来，但是学费与生活费是无论如何也拿不出来了。所以，他虽然来到了音乐之都，却只能站在大学的门外，因为他没有钱。他必须先到街头上拉琴卖艺来赚够自己的学费与生活费。

幸运的是，乔在一家大型商场的附近找到一位为人不错的琴手，他们一起在那里拉琴。由于商场的地理位置比较优越，他们挣到了很多钱。

但是这些钱并没有让乔忘记自己的梦想。过了一段时日，乔赚够了自己必要的生活费与学费，就和那个琴手道别了。他要学习，要进入大学进修，要在音乐的学府里拜师学艺，要和琴技高超的同学们互相切磋。乔将全部的时间和精力都投注在提升音乐素养和琴艺之中。10年后，乔有一次路过那家大型商场，巧得很，他的老朋友——那个当初和他一起拉琴的家伙，

现在你受的苦，必将照亮你未来的路

仍在那儿拉琴，表情一如往昔，脸上露着得意、满足与陶醉。

那个人也发现了乔，很高兴地停下拉琴的手，热络地说道："兄弟啊！好久没见啦！你现在在哪里拉琴啊？"

乔回答了一个很有名的音乐厅的名字，那个琴手疑惑地问道："那里也让流浪艺人拉琴吗？"乔没有说什么，只淡淡地笑着点了点头。

其实，十年后的乔，早已不是当年那个当街献艺的乔了，他已经成为一位音乐家，经常应邀在著名的音乐厅中登台献艺，早就实现了自己的梦想。

我们的才华、我们的潜力、我们的前程，如果没有胆量的推动，很可能只是一场镜花水月，当梦醒来，一切也就醒了。

生命是储存罐，里边有各种财宝可以挖掘，如果想跟生活打交道，就必须学会使用勇气的开罐器，只有用百倍的勇气来同生活抗争，你才能从生命的储存罐里尝到甜头。

一个永不丧失勇气的人是永远不会被打败的。就像弥尔顿所说的："即使土地丧失了，那有什么关系？即使所有的东西都丧失了，但不可被征服的意志和勇气是永远不会屈服的。"如果你以一种充满希望、充满自信的精神进行工作的话，如果你期待着自己的伟业，并且相信自己能够成就这番伟业的话，如果你能展现出自己的勇气的话，那么，任何事情都不能阻挡你前进。你可能遇到的任何失败都只是暂时性的，你最终必定会取得胜利。

另一方面，如果你觉得自己非常渺小，如果你认为自己是一个效率很低、微不足道的人，并且你不相信自己可以出色地完成任务的话，那么，这就会限制你可能达到的人生高度。你不可能超越你的想象。自我贬低和害羞怯懦不但阻止了你的进步，而且严重损害了你的整个职业生涯，甚至还会损害到你的身体健康。

自信和勇气是积极的品质，而恐惧和焦虑则是消极的品质，二者在人的大脑中水火不容。你要么是强大有力、充满信心的，要么就是虚弱和感伤的，面对一项重大的工作你总是采取回避态度。任何破坏你的勇气的东西都会破坏你的力量、你的效率及工作效能。

"勇气是在偶然的机会中激发出来的。"莎士比亚说。除非你让自己时刻保持一种接受勇气的态度，否则，你不要指望自己的身上会时时刻刻体现出巨大的勇气。在就寝前的每个夜晚，在起床时的每个清晨，你都要对自己说"我会做到的，我能行"，并以此作为自己坚定的信条，然后充满自信地勇敢前进。

历练太少，就会被挫折绊倒

学会及时总结得失，我们才会有良好的心态，宠辱不惊，面对生活给予我们的一切。学会及时总结得失，我们自己才会不断

现在你受的苦，必将照亮你未来的路

完善，一步一步迈向成功。

威廉·赛姆是美国著名投资大师。他的事业如日中天，在全球金融领域里，"威廉·赛姆"这几个字如雷贯耳。但在一次十拿九稳的投资中，他由于分析错误而损失了一大笔资产。

朋友与家人都对他很不满，可威廉·赛姆却异常沉着，他将这次投资的整个分析过程一一回想，找到了产生错误的主要原因。紧接着，他又有了一次投资机会，家人与朋友都非常担心，害怕他不能从上一次的失败中解脱出来。但是威廉·赛姆毫不动摇，坚持要投资，并获得了成功。

在人漫长的一生中，谁也不能保证自己永远不犯错，但我们应该从错误中积累经验教训，而并非永远消沉。

有个渔人有着一流的捕鱼技术，被人们尊称为"渔王"。然而"渔王"年老的时候非常苦恼，因为他的三个儿子的渔技都很平庸。

于是他经常向人诉说心中的苦恼："我真不明白，我捕鱼的技术这么好，我儿子们的捕鱼技术为什么这么差。我从他们懂事起就传授捕鱼技术给他们，从最基本的东西教起，告诉他们怎样织网最容易捕到鱼，怎样划船最不会惊动鱼，怎样下网最容易请鱼入瓮。他们长大了，我又教他们怎样识潮汐，辨鱼汛……凡是我辛辛苦苦总结出来的经验，我都毫无保留地传授给了他们，可他们的捕鱼技术竟然赶不上技术比我差的渔民的儿子！"

一位路人听了他的诉说后，问："你一直手把手地教他们吗？"

"是的，为了让他们学到一流的捕鱼技术，我教得很仔细很耐心。"

"他们一直跟随着你吗？"

"是的，为了让他们少走弯路，我一直让他们跟着我学。"

路人说："这样说来，你的错误就很明显了。你只传授给了他们技术，却没传授给他们教训，对于才能来说，没有教训与没有经验一样，都不能使人成大器。"

孩子是在摔倒了无数次之后才学会走路的，伟人的发明创造更是经历了无数次失败之后才成功的。可口可乐董事长罗伯特·高兹耶达说："过去是迈向未来的踏脚石，若不知道踏脚石在何处，必然会被绊倒。"教训和失败是人生历练不可缺少的财富。

在学习和工作中，刚开始的时候总是不够顺利，是因为我们还对那些事情很陌生，没有足够的经验。这个时候，我们要珍视每一次错误，珍视每一个操作的环节，要及时总结经验教训，只有吸取了经验教训，才能避免在以后的人生中再犯类似的错误。也只有积累了足够的经验，我们才能熟能生巧，做事情信手拈来。

不畏将来，不念过往

年轻的时候，玛丽比较贪心，什么都追求最好的，拼了命想抓住每一个机会。有一段时间，她手上同时拥有 13 个广播节目，每天忙得昏天暗地，她形容自己："简直累得跟狗一样！"

事情都是双方面的，所谓有一利必有一弊，事业愈做愈大，压力也愈来愈大。到了后来，玛丽发觉拥有更多、更大不是乐趣，反而是一种沉重的负担。她的内心始终被一种强烈的不安全感笼罩着。

1995 年"灾难"发生了，她独资经营的传播公司被恶性倒账四五千万美元，交往了 7 年的男友和她分手……一连串的打击直奔她而来。就在极度沮丧的时候，她冒出了结束自己生命的念头。

在面临崩溃之际，她向一位朋友求助："如果我把公司关掉，我不知道我还能做什么。"朋友沉吟片刻后回答："你什么都能做，别忘了，当初我们都是从'零'开始的！"

这句话让她恍然大悟，也让她勇气再生："是啊！我们本来就是一无所有，既然如此，又有什么好怕的呢？"就这样念头一转，没有想到在短短半个月之内，她连续接到两笔很大的业务，濒临倒闭的公司起死回生，又重新正常运转了起来。

历经这些挫折后，玛丽体悟到人生无常的一面，费尽了力气去强求，虽然勉强得到，但最后留也留不住；反而是一旦放空了，随之而来的是更大的能量。

她学会了"生活的减法"。为了简化生活，她谢绝应酬，搬离了150平方米的房子，索性以公司为家，在一间小小的办公室里，淘汰不必要的家当，只留下一张床，一张小茶几，还有两只做伴儿的狗。

玛丽忽然发现，原来一个人需要的其实那么有限，许多附加的东西只是徒增无谓的负担而已。朋友不解地问她："你为什么都不爱自己了？"她回答："我现在是换了个角度爱自己。"

对于过去发生的事情，我们无能为力。关于未来，它还没有发生，我们对于它的一切不过是想象。只有此刻，才是最真实的，也只有抓住此刻，才是最幸福的，才是最懂得疼爱自己的。

有人喜欢抓住过去不放，总是活在过去，对往事缅怀。可是在过去的事情里，我们大概忘记了兴奋与激情了吧，只有悲伤还残存在记忆中。于是我们每天都在咀嚼自己的痛苦，用过去的事情来折磨自己。

就像玛丽那样，以为没有了自己，什么事情都做不了，这样的想法是不对的；以为没有了一切，自己就活不下去，这也是不对的。宇宙间的事情，不是谁没有了谁就延续不下去的，只要我们愿意，我们随时都可以从零开始。

抛开过去，就在今天全部归零，我们才能整装待发，快乐出行。

让过去的过去，未来的才能来

当刘翔从北京奥运会赛场上退下来的时候，他说，下一次一定会做得很好；当程菲因为一个动作而出现失误的时候，她说，下一次一定会吸取教训。尽管因为没有注意到自己的伤而导致不能坚持到最后，但是刘翔没有一直活在悔恨之中，而是鼓足了勇气面对未来的路；尽管练习了多次的动作没能发挥到最好，但是程菲也没有抓住自己过去所犯的错误不放，而是在总结了经验之后，期待另一次精彩的绽放。

可是，在生活中，有太多的人喜欢抓住自己的错误不放：没能抓住发展的机遇，就一直怨恨自己不具慧眼；因为粗心而算错了数据，就一直抱怨自己没长大脑；做错了事情伤害到了别人，会为没有及时道歉而自责很久……

人生一世，花开一季，谁都想让此生了无遗憾，谁都想让自己所做的每一件事都永远正确，从而达到预期的目标，可这只能是一种美好的幻想。

人不可能不做错事，不可能不走弯路。做了错事，走了弯路之后，有谴责自己的情绪是很正常的，这是一种自我反省，是自我解剖与改正的前奏曲，正因为有了这种"积极的谴责"，我们才会在以后的人生之路上走得更好、更稳。但是，如果你纠缠住"后悔"不放，或羞愧万分，一蹶不振；或自惭形秽，自暴自弃，那么你的这种做法就是愚人之举了。

卓根·朱达是哥本哈根大学的学生。有一年暑假，他去当导游，因为他总是高高兴兴地做了许多额外的服务，因此几个芝加哥来的游客就邀请他去美国观光。行程包括在前往芝加哥的途中，到华盛顿特区做一天的游览。

卓根抵达华盛顿以后就住进威乐饭店，他在那里的账单已经预付过了。他这时真是乐不可支，外套口袋里放着飞往芝加哥的机票，裤袋里则装着护照和钱。所有的一切都很顺利，然而，这个青年突然遇到晴天霹雳。

他准备就寝时，才发现由于自己的粗心大意，放在口袋里的皮夹不翼而飞。他立刻跑到柜台那里。

"我们会尽量想办法。"经理说。

第二天早上，仍然找不到，卓根的零用钱连两块钱都不到。因为一时的粗心马虎，导致了自己一个人孤零零地待在异国他乡，应该怎么办呢？他越想越是生气，越想越是懊恼。

这样折腾了一夜之后，他突然对自己说："不行，我不能再这样一直沉浸在悔恨当中了，我要好好看看华盛顿，说不定我以后没有机会再来，但是现在仍有宝贵的一天待在这个地方。好在今天晚上还有机票到芝加哥去，一定有时间解决护照和钱的问题。

"我跟以前的我还是同一个人，那时我很快乐，现在也应该快乐呀。我不能因为自己犯了一点错误就在这儿白白地浪费时间，现在正是享受的好时候。"

于是他立刻动身，徒步参观了白宫和国会山，并且参观了几座大博物馆，还爬到华盛顿纪念馆的顶端。他去不成原先想去的阿灵顿和许多别的地方，但他能看到的，他都看得更仔细。

等他回到丹麦以后，这趟美国之旅最使他怀念的却是在华盛顿漫步的那一天——因为如果他一直抓住过去的错误不放，那么这宝贵的一天就会白白溜走。

放下过去的错误，向前看，才能有更多的收获。我们一生当中会犯很多错误，如果每一次都抓住错误不放，那么我们的人生恐怕只能在懊悔中度过了。很多事情，既然已经没有办法挽回，就没有必要再去惋惜悔恨了。与其在痛苦中浪费时间，还不如重新找一个目标，再一次奋发努力。

心存恐惧，你会沦为生活的奴隶

恐惧对人的影响至关重要，恐惧使创新精神陷于麻木；恐惧毁灭自信，导致优柔寡断；恐惧使我们动摇，不敢做任何事情；恐惧还使我们怀疑和犹豫，恐惧是能力上的一个大漏洞。而事实上，有许多人把他们一半以上的宝贵精力浪费在毫无益处的恐惧和焦虑上面了。恐惧虽然阻碍着人们力量的发挥和生活质量的提高，但它并非不可战胜。只要人们能够积极地行动起来，在行动中有意识地纠正自己的恐惧心理，那它就不会再成为我们的威胁。

在《做最好的自己》一书中，李开复讲述了这样一个故事：

20世纪70年代，中国科技大学的"少年班"全国闻名。在当年那些出类拔萃的"神童"里面，就有今天的微软全球副总裁、IEEE（电气和电子工程师协会）最年轻的院士张亚勤。但在当时，全国大多数人都只知道有一个叫宁铂的孩子。20年过去了，宁铂悄悄地从公众的视野里消失了，而当年并不知名的张亚勤却享誉海内外，这是为什么呢？

张亚勤和宁铂的区别，主要在于他们对待挑战的态度不同。张亚勤在挑战面前勇于进取，不怕失败，而宁铂则因为自己身上寄托了人们太多的期望，反而觉得无法承受，甚至没有勇气去争取自己渴望的东西。

大学毕业后，宁铂在内心里强烈地希望报考研究生，但是他一而再，再而三地放弃了自己的希望。第一次是在报名之后，第二次是在体检之后，第三次则是在走进考场前的那一刻。

张亚勤后来谈到自己的同学时，异常惋惜地说：

"我相信宁铂就是在考研究生这件事情上走错了一步。他如果向前迈一步，走进考场，是一定能够通过考试的，因为他的智商很高，成绩也很优秀，可惜他没有进考场。这不是一个聪明不聪明的问题，而是一念之差的事情。就像我那一年高考，当时我正生病住在医院里，完全可以不去参加高考，可是我就少了一些顾虑，多了一点自信和勇气，所以做了一个很简单的选择。而宁铂就是多了一些顾虑，少了一点自信和勇气，做了一个错误的判断，结果智慧不能发挥，真是很可惜。那些敢于去尝试的人一定是聪明人，他们不会输。因为他们会想：即使不成功，我也能从中得到教训。

"你看看周围形形色色的人，就会发现：有些人比你更杰出，那不是因为他们得天独厚，事实上你和他们一样优秀。如果你今天的处境与他们不一样，只是因为你的精神状态和他们不一样。在同样一件事情面前，你的想法和反应和他们不一样。他们比你更加自信，更有勇气。仅仅是这一点，就决定了事情的成败以及完全不同的成长之路。"

勇敢的思想和坚定的信念是治疗恐惧的天然药物，勇敢和信心能够中和恐惧，如同在酸溶液里加一点碱，就可以破坏酸的腐蚀力一样。

对此问题，我们不妨多加了解一下。

有一个文艺作家对创作抱着极大野心，期望自己成为大文豪。美梦未成真前，他说："因为心存恐惧，我是眼看一天过去了，一星期、一年也过去了，仍然不敢轻易下笔。"

另有一位作家说："我很注意如何使我的心力有技巧、有效率地发挥。在没有一点灵感时，也要坐在书桌前奋笔疾书，像机器一样不停地动笔。不管写出的句子如何杂乱无章，只要手在动就好了，因为手到能带动心到，会慢慢地将文思引出来。"

初学游泳的人，站在高高的水池边要往下跳时，都会心生恐惧，如果壮着胆子，勇敢地跳下去，恐惧感就会慢慢消失，反复练习后，恐惧心理就不复存在了。

倘若很神经质地怀着完美主义的想法，进步的速度就会受到限制。如果一个人恐惧时总是这样想："等到没有恐惧心理时再来跳水吧，我得先把害怕退缩的心态赶走才可以。"这样做的结果往往是把精神全浪费在消除恐惧感上了。

这样做的人一定会失败，为什么呢？人类心生恐惧是自然现象，只有亲身行动，才能将恐惧之心消除。不实际体验，只是坐待恐惧之心离你远去，自然是徒劳无功的事。

在不安、恐惧的心态下仍勇于作为，是克服神经紧张的处方，它能使人在行动之中，渐渐忘却恐惧心理。只要不畏缩，有了初步行动，就能带动第二、第三次的出发，如此一来，心理与行动都会渐渐走上正确的轨道。

恐惧并不可怕，可怕的是你陷入恐惧之中不能自拔。如果你有成功的愿望，那就快点儿摆脱恐惧的困扰，前进吧！

只有输得起的人，才不怕失败

每个人都希望无论何时都站在适合自己的位置，说着该说的话，做着该做的事。但不经过挫折磨炼的人是不可能达到这种境界的，人总要从自己的经历中汲取经验的。所以，做人要输得起。

输不起，是人生最大的失败。

人生犹如战场。我们都知道，战场上的胜利不在于一城一池的得失，而在于谁是最后的胜利者，人生也是如此，成功的人不应只着眼于一两次成败，而是应该不断地朝着成功的目标迈进。当然，一两次的失败确实可能使你血本无归，甚至负债累累。

最要紧的是不应该泄气，而是应该从中吸取教训，用美国股票大亨贺希哈的话讲："不要问我能赢多少，而是问我能输得起多少。"只有输得起的人，才能不怕失败。

当然，我们不一定非要真正经历一次重大的失败，只要我们做好了认识失败的准备，"体验失败"一样能够带来刻骨铭心的教训，而那失败的起点比那些从来没有过失败经历的人要高得多，并且失败越惨痛，起点则越高。

贺希哈17岁的时候，开始自己创造事业，他第一次赚大钱，也是第一次得到教训。那时候，他一共只有255美元。他在股票的场外市场做一名投资客，不到一年，他便发了第一次财：16万8千美元。他替自己买了第一套像样的衣服，在长岛买了一幢房子。

随着第一次世界大战的结束，贺希哈以随着和平而来的大减价，顽固地买下隆雷卡瓦那钢铁公司。结果呢？他说："他们把我剥光了，只留下4000美元给我。"贺希哈最喜欢说这种话，"我犯了很多错，一个人如果说不会犯错，他就是在说谎。但是，我如果不犯错，也就没有办法学乖。"这一次，他学到了教训，"除非你了解内情，否则，绝对不要买大减价的东西。"

1924年，他放弃证券的场外交易，去做未列入证券交易所买卖的股票生意。起先，他和别人合资经营，一年之后，他开设了自己的贺希哈证券公司。到了1928年，贺希哈做了股票投资客的经纪人，每个月可赚到25万美元的利润。

但是，比他这种赚钱的本事更值得称道的，就是他能够悬崖勒马，遇到不对劲儿的情况，能悄悄回顾从前的教训。在1929年灿烂的春天，正当他想付50万美元在纽约的证券交易所买股票，不知道什么原因，把他从悬崖边缘拉回来。贺希哈回忆这件事情说："当你知道医生和牙医都停止看病而去做股票投机生意的时候，一切都完了。我看得出来。大户买进公共事业的股票，又把它们抬高。我害怕了，我在八月全部抛出。"他脱手以后，净得40万美元。

1936年是贺希哈最冒险，也是最赚钱的一年。安大略北方，

现在你受的苦，必将照亮你未来的路

早在人们淘金发财的那个年代，就成立了一家普莱史顿金矿开采公司。这家公司在一次大火灾中焚毁了全部设备，造成了资金短缺，股票跌到不值 5 美分。有一个叫陶格拉斯的地质学家，知道贺希哈是个思维敏捷的人，就把这件事告诉了他。贺希哈听了以后，拿出 2.5 万美元做试采计划。不到几个月，黄金掘到了，仅离原来的矿坑 7.6 米。

普莱史顿股票开始往上爬的时候，海湾街上的大户以为这种股票一定会跌下来，所以纷纷抛出。贺希哈却不断买进，等到他买进普莱史顿大部分股票的时候，这种股票的价格已超过了两美元。

这座金矿，每年毛利达 250 万美元。贺希哈在他的股票继续上升的时候，把普莱史顿的股票大量卖出，自己留了 50 万股，这 50 万股等于他一分钱都没花，白捡来的。

这位手摸到的东西都会变成黄金的人，也有他的麻烦。1945年，贺希哈的菲律宾金矿赔了 300 万，这也使他尝到了另一个教训：“你到别的国家去闯事业，一定要把一切情况弄清楚。”

20 世纪 40 年代后期，他对铀产生了兴趣，结果证明了这比他从前的任何一种事业更吸引他。他研究加拿大寒武纪以前的岩石情况，铀裂变痕迹，也懂得测量放射作用的盖氏计算器。1949年至 1954 年，他在加拿大巴斯卡湖地区，买下了 1217 平方千米蕴藏铀的土地。成为第一家私人资金开采铀矿的公司，不久，他聘请朱宾负责他的矿务技术顾问公司。

这是一个许多人探测过的地区。勘探矿藏的人和地质学家都到这块充满猎物的土地上开采过。大家都注意着盖氏计算器的结果，他们认为只有很少的铀。

朱宾对于这种理论都同意。但是，他注意到了一些看来是无关紧要的"细节"。有一天，他把一块旧的艾戈码矿苗加以试验，看看有没有铀元素。结果，发现稀少得几乎没有。这样，他知道自己已经找到了原因。原来就是，土地表面的雨水、雪和硫矿把这盆地中放射出来的东西不是掩盖住就是冲洗殆尽了。而且，盖氏计算器也曾测量出，这块地底下确实藏有大量的铀。他向十几家矿业公司游说，劝他们做一次钻探。但是，大家都认为这是徒劳的。于是，朱宾就去找贺希哈，贺希哈接受了朱宾的建议。

1953年3月6日开始钻探。贺希哈投资了3万美元。结果，在5月一个星期六的早晨，得到报告说，56块矿样品里，有50块含有铀。

一个人怎样才会成功，这是很难分析的。但是，在贺希哈身上，我们可以分析出一点因素，那就是他自己定的一个简单公式：输得起才赢得起，输得起才是真英雄！

第六章

在最能吃苦的年纪，遇见不服输的自己

反击别人不如充实自己

当我们遭到冷遇时，不必沮丧，不必愤恨，唯有尽全力赢得成功，才是最好的反击。

有时候，白眼、冷遇、嘲讽会让弱者低头走开，但对强者而言，这也是另一种幸运和动力。所以美国人常开玩笑说，正是因为负面的刺激，才造就了杜鲁门总统。

在高中毕业班时，查理·罗斯是最受老师喜爱的学生之一。他的英文老师布朗小姐，年轻漂亮，富有吸引力，是校园里最受学生欢迎的老师之一。同学们都知道查理深得布朗小姐的青睐，他们在背后笑他说，查理将来若不成为一个人物，布朗小姐是不会原谅他的。

在毕业典礼上，当查理走上台去领取毕业证书时，受人爱戴的布朗小姐站起身来，当众吻了一下查理，给他出人意料的祝贺。当时，本以为会发生哄笑、骚动，结果却是一片静默和沮丧。

许多毕业生，尤其是男孩子们，对布朗小姐这样不怕难为情地公开表示自己的偏爱感到愤恨。不错，查理作为学生代表在毕业典礼上致告别词，也曾担任过学生年刊的主编，还曾是"老师的宝贝"，但这就足以使他获得如此之高的荣耀吗？典礼过后，

现在你受的苦，必将照亮你未来的路

有几个男生包围了布朗小姐，为首的一个质问她为什么如此明显地冷落别的学生。

"查理是靠自己的努力赢得了我特别的赏识，如果你们有出色的表现，我也会吻你们的。"布朗小姐微笑着说。男孩儿们得到了些安慰，查理却感到了更大的压力。他已经引起了别人的嫉妒，并成为少数学生攻击的目标，他决心毕业后一定要用自己的行动证明自己值得布朗小姐报之一吻。毕业之后的几年内，他异常勤奋，先进入了报界，后来终于大有作为，被杜鲁门总统任命为白宫负责出版事务的首席秘书。

当然，查理被挑选担任这一职务也并非偶然。原来，在毕业典礼后带领男生包围布朗小姐，并告诉布朗小姐自己感到受冷落的那个男孩子正是杜鲁门本人。

查理就职后的第一件事，就是接通布朗小姐的电话，向她转述美国总统的问话："您还记得我未曾获得的那个吻吗？我现在所做的能够得到您的赏识吗？"

生活中，当我们遭到冷遇时，不必沮丧，不必愤恨，唯有尽全力赢得成功，才是最好的反击。当有人刺激了我们的自尊心，伤害到我们时，与其强烈地批驳别人，不如思考自己什么地方还需要完善。

有个喜欢与人争辩的学者，在研究过辩论术，听过无数场辩论，并关注它们的影响之后，得出了一个结论：世上只有一个方法能从争辩中得到最大的利益，那就是停止争辩。你最好避免争辩，就像避免战争或毒蛇那样。

这个结论告诉我们：反击别人不如充实自我。争辩中的赢不是真赢，它带来的只是暂时的胜利和口头的快感，它会使他人不满，影响你与他人的关系，更重要的是，在争辩中失利的人不会发自内心地承认自己的失败，所以你的说服和辩论是徒劳无功的，无助于事情的解决。

有一种人，反应快，口才好，心思灵敏，在生活或工作中和别人有利益或意见的冲突时，往往能充分发挥辩才，把对方辩得哑口无言。可是，我们为什么一定要与对方辩论到底以证明是他错了？这么做除了让我们得到一时的快意之外还有什么呢？这样能使他喜欢我们，或是能让我们签订合同？事实并非如此。要想拥有良好的人际关系，要想使自己在事业上游刃有余，在朋友中广受欢迎，在家庭中和睦相处，我们最好不要试图通过争辩去赢得口头上的胜利。

反击别人，除了互相伤害以外，我们不会得到任何好处。这是因为，就算我们将对方驳得体无完肤、一无是处，那又怎样？即使他表面上不得不承认我们胜了，但他心里会从此埋下怨恨的种子。所以，还不如用反击别人的时间来充实自我。

现在你受的苦，必将照亮你未来的路

做你自己的伯乐

如果没有其他人来发现你，那你就自己发现自己吧！做自己的伯乐，你才能取得成功。

1972 年，新加坡旅游局给总理李光耀打了一份报告，大意是说："我们新加坡不像埃及有金字塔，不像中国有长城；不像日本有富士山，不像夏威夷有十几米高的海浪，我们除了一年四季直射的阳光，什么名胜古迹都没有。要发展旅游事业，实在是巧妇难为无米之炊。"

李光耀看过报告，非常气愤。

据说他在报告上批了这一行字："你想让上帝给我们多少东西？阳光，阳光就够了！"

后来，新加坡利用那一年四季直射的阳光，种花植草，在很短的时间里，发展成为世界上著名的"花园城市"。连续多年旅游收入名列全亚洲第三位。

上帝给每个国家、每个地区的东西，确实都不是太多。

就拿我们身边知道的来说，它仅给杭州一个西湖，仅给曲阜一个孔子。就个人而言，它给每个人的东西同样也少之又少，它只给了牛顿一只苹果，并且还是掷过去的；它只给了迪士尼一只老鼠，并且这只老鼠是在迪士尼自己连一块面包都吃不上的时候到达的。

上帝的馈赠虽然少得可怜，但它是酵母。

只要你是位有心人，你会惊喜地发现上帝的馈赠是多么的丰厚。

聪明的江南人利用西湖把杭州变成了天堂，智慧的北方人则利用孔子把曲阜变成了圣城。

你虽然没有别人英俊潇洒，但你可能身强体壮；你虽然不会琴棋书画，但你可能思维敏捷，逻辑清晰……上帝不会给人全部，但他绝对不会亏待你，所以你一定要做自己的伯乐，发掘自己的潜能。

一个天寒地冻的深夜，W.翟莫西·盖尔卫，一位年轻的加利福尼亚人，正独自驱车穿过缅因州边缘的森林地带。他的车轮突然打滑，车子撞进了路旁的雪堆。20分钟过去了，盖尔卫没有看到一辆车路经此地。看来待在车里等着是毫无指望了，他认为最好的出路是步行去求援。于是他身穿便服和一件运动衫，开始向来路跑去。稀薄而寒冷的空气，使他几分钟之后便气喘吁吁了，一阵疲乏感袭来，他觉得浑身麻木，接着是令人瘫软的恐惧。"我会死在这冰天雪地之中的！"他意识到。

这个念头如此可怕，盖尔卫的脚步不知不觉地停了下来。过了一会儿，由于他承认了现实，他的恐惧发生了短路。他对自己说："如果我真的要死了，光发愁也无济于事。"这时，他突然觉察到，周围的一切是那样美丽：寂静的夜、闪烁的星星，被雪景衬托得格外分明的树木。盖尔卫没有想到，自己竟然渐渐地恢复了体力，于是他一口气跑了40分钟，终于找到了一户友善的人家。

盖尔卫没有想到，他突然之间显示出的奇怪的内部能量，竟会成为他后来所从事的事业的基础，并由此创造了他所谓和失望恐惧赛跑的"内心竞赛"的理论。在他作为一名运动员和一位教师的多年实践之后，盖尔卫认识到，在那个严寒的夜晚使他得救的正是人类所共有的一种巨大的潜能，问题在于人们是否肯使用它。

还有一个故事是这样说的：有一个探险家，他走进了非洲的荒野中。他随身带了一些不怎么值钱的小装饰品，打算送给当地的土著人。在这些东西当中，有两面真人大小的镜子。他把这两面镜子靠着两棵树放好，然后就坐下来和他的手下人谈论有关探险的情况。这时候探险家注意到有个土著人手里拿着长矛正在向镜子走过来，当他向镜子里望去的时候，他看见了自己的影子，于是开始向镜子里的对手刺去，好像它真的是个土著人一样，仿佛要杀了他。当然，土著人打碎了这面镜子。这时候，探险家向这个土著人走去，问他为什么要打碎镜子。这个土著人回答说："他要杀我，我就先杀了他。"探险家向土著人解释说，镜子不是用来干这个的，并领他走到第二面镜子那边去。他对土著人解释说："看，镜子是这样一个东西——通过它，你可以看到你的头发有没有梳直，你脸上的油彩涂得是否合适，你的胸部多么健壮，你的肌肉多么发达。"野人回答说："噢，我不知道。"

成千上万的人都这样，他们的情形和这个土著人差不多。他们穷其一生和生活作战。在生命的每个转折点上，他们都以为会有一场战斗，而情况最终也确实是这样。他们预计会有敌人，而他们确实遇到了敌人。他们预计困难会接踵而至，而事情也恰好就是这样。"如果事情不是这样，那么它就是那样……总会发生点儿什么。"对于成千上万的没有能够认识到这种巨大的力量的人来说，事情过去是这样，将来也还会是这样。成千上万的人继续过着平淡、普通、痛苦的生活，因为这种巨大的力量从他们身边悄悄溜走了，他们就再也抓不住它了。生活中的你绝对不要像土著人那样，穷其一生都不能发现自己的力量。发现你自己、做自己的伯乐，你就能走向成功。

在行动中激发自己的潜能

任何时候都不要坐在那里等待，从现在起就开始行动，在行动中激发自己的潜能，说不定你就能创造奇迹！

生活中的你是否还在为命运不济而哀叹呢？如果是，那还是赶紧收起这些怨天尤人的论调吧！行动起来，在行动中激发自己的潜能，说不定你就能创造奇迹。

现在你受的苦，必将照亮你未来的路

在美国颇负盛名、人称传奇教练的伍登，在全美 NCAA12 年的篮球年赛当中，帮助加州大学洛杉矶分校赢得 10 次全美总冠军。如此辉煌的成绩，使伍登成为大家公认的有史以来最成功的篮球教练之一。

曾经有记者问他："伍登教练，请问你如何保持这种积极的心态？"

伍登很愉快地回答："每天我在睡觉以前，都会提起精神告诉自己：我今天的表现非常好，而且明天的表现会更好。"

"就只有这么简短的一句话吗？"记者有些不敢相信。

伍登坚定地回答："简短的一句话？这句话我可是坚持了 20 年！重点和简短与否没关系，关键是在于你有没有持续去做，如果无法持之以恒，就算是长篇大论也没有帮助。"

伍登的积极心态超乎常人，不单只是对篮球的执着，对于其他的生活细节也是保持这种精神。例如有一次他与朋友开车到市中心，面对拥挤的车流，朋友感到不满，继而频频抱怨，但伍登却欣喜地说："这里真是个热闹的城市。"

朋友好奇地问："为什么你的想法总是异于常人？"

伍登回答说："一点儿都不奇怪，我是用心里所想的事情来看待，不管是悲是喜，我的生活中永远都充满机会，这些机会的出现不会因为我的悲或喜而改变，只要不断地让自己保持积极的心态，一刻也不停地去行动，我就可以把握机会，激发更多的潜在力量。"

其实每个人都有伍登那样的潜力，但是大部分人都不能像伍登那样，时刻保持积极的心态去努力。如果每个人都能像伍登一样，那他也一定会是一个有才华的人，并且在行动中不断进步，创造奇迹的可能就会时刻存在。

学会必要的忍耐

当你不愿让命运来主宰你的一切，但又没有反击命运的能力时，切记，应学会忍耐！

美国第三任总统杰弗逊在给子孙的告诫中有一条是："当你气恼时，先数到 10 后再说话；假如怒火中烧，那就数到 100。"

生活中，在遇到一些不顺心和不如意的事情时，我们的情绪往往会被超常激发起来，陷入激动、委屈、不安等精神状态中。此时最容易被情绪操纵，不顾理智做出鲁莽之事。"忍一时风平浪静，退一步海阔天空"，在这个时候，务必要记住"忍耐"二字。强制自己把心情平静下来，认真选择利最大、弊最小的做法，以求达到在当时可能取得的最好效果。

每个人从出生就面临来自方方面面的竞争和挫折。一个人的成功不仅需要不断提高自己的能力，而且需要经受自己在前进道路上的成功与失败的各种考验，需要具备良好的心理素质。由于我们每个人自身的缺点，失败在所难免，有时甚至还不得不忍受

现在你受的苦，必将照亮你未来的路

"飞来横祸"。在这种情况下，有时需要进行必要的斗争，但是，更多的时候需要的是忍耐。在自己遭到失败的时候，当然希望周围的人同情自己、帮助自己，但是更为重要的是，忍耐住失败的痛苦，学会自己擦净自己伤口的鲜血，并走出痛苦，走向新的生活。要忍耐，以争取自己超越困难，同时，要灵活一些，争取更好的环境，努力奋斗，走向辉煌。

作为命运的主宰者——人，我们应该学会忍耐，因为它常会让我们有意想不到的收获。人在现实中生活，犹如驾一叶扁舟在大海中航行，巨浪和旋涡就潜伏在你的周围，可能会随时袭击你，因此，你要当个好舵手，同时还得具有克服艰难的毅力和勇气，设法绕过旋涡，乘风破浪前进。换言之，忍耐也是面对磨难的一种手法，以不变应万变；忍耐更是一种力量，它能磨钝利刃的锋芒。但忍耐不是软弱，不是退却，也不是背叛，而是以退为进的策略，是求同存异，是寻找合作。

对俞敏洪的创业经历，《中国青年报》记者卢跃刚在《东方马车——从北大到新东方的传奇》一文中，有详细记录。其中令人印象尤深的是对俞敏洪一次醉酒经历的描述，看了令人不禁想落泪。

俞敏洪那次醉酒，缘起于新东方的一位员工贴招生广告时被竞争对手用刀子捅伤。俞敏洪意识到自己在社会上混，应该结识几个警察，但又没有这样的门道。最后通过报案时仅有一面之缘的那个警察，将刑警大队的一个政委约出来"坐一坐"。卢跃刚是这样描述的：

他兜里揣了 3000 块钱，走进香港美食城。在中关村十几年，他第一次走进这么好的饭店。他在这种场面交流上有问题，一是他那口江阴普通话，别别扭扭，跟北京警察对不上牙口；二是找不着话说。为了掩盖自己内心的尴尬和恐惧，劝别人喝，自己先喝。不会说话，只会喝酒。因为不从容，光喝酒不吃菜，喝着喝着，俞敏洪失去了知觉，钻到桌子底下去了。老师和警察把他送到医院，抢救了两个半小时才活过来。医生说，换一般人，喝成这样，回不来了。俞敏洪喝了一瓶半的高度五粮液，差点儿喝死。

他醒过来喊的第一句话是："我不干了！"学校的人背他回家的路上，一个多小时，他一边儿哭，一边儿撕心裂肺地喊着："我不干了！再也不干了！把学校关了！把学校关了！我不干了……"

他说："那时，我感到特别痛苦，特别无助，四面漏风的破办公室，没有生源，没有老师，没有能力应付社会上的事情，同学都在国外，自己正在干着一个没有希望的事业……"

他不停地喊，喊得周围的人发怵。

哭够了，喊累了，睡着了，睡醒了，酒醒了，晚上 7 点还有课，他又像往常一样，夹起包上课去了。

实际上，酒醉了很难受，但相对还好对付，然而精神上的痛苦就不那么容易忍受了。当年"戊戌六君子"谭嗣同变法失败以后，被押到菜市口去砍头的前一夜，说自己乃"明知不可为而为之"，有几个人能体会其中深沉的痛苦？醉了、哭了、喊了、不干了……可是第二天醒来仍旧要硬着头皮接着干，仍旧要硬着头皮夹起皮包给学生上课去，眼角的泪痕可以不干，该干的事却不能不干。拿"观察家"卢跃刚的话说："不办学校，干吗去？"

现在大家都知道俞敏洪是千万富豪、亿万富翁，但又有谁知道俞敏洪这样一类创业者是怎样成为千万富翁、亿万富翁的呢？他们在成为千万富翁、亿万富翁的道路上，付出了怎样的代价，付出了怎样的努力，忍受了多少别人不能够忍受的屈辱、憋闷、痛苦，有多少人愿意付出与他们一样的代价，获取与他们今天一样的财富？

当你不愿让命运来主宰你的一切，但又没有反击命运的能力时，切记，应学会忍耐！

儒家与道家都强调忍耐的重要，只有忍到最后一刻才会发生意想不到的变化，才有希望看到转机。或许你仍在向往一帆风顺，可是却在面对曲折的人生。其实所谓的一帆风顺只是对自己心灵的一种安慰而已，坚信唯有奋斗不息才能成为命运的主人。而在这一步步的努力中，你必须学会忍耐！

忍耐是沉默，功亏一篑是因为不懂得忍耐的真正含义，而坚忍不拔地追求并排除万难有所超越才是忍耐的外延。

实际上，忍耐是一种酝酿胜利的高超手段。忍耐实际上是一种动态的平衡，是一种形式的转换，不要为利益所陶醉，也不要因没有利益而悲伤。忍耐可以帮助我们摆脱烦恼，获得人生的真谛。

非洲的一位总统问一位友人有什么好经验，这位友人就说了一句话："忍耐。"忍耐不是目的是策略，是胜敌的关键所在，但一般人做不到。"小不忍则乱大谋"这句话很正确。三国演义中诸葛亮三气周瑜，愣是活活把周瑜气死了。如果周瑜学会忍耐，哪会有这样的结果呢！

我们有时候不妨学一学鸵鸟，逆来顺受。但是，这不是叫大家颓废，只是让大家学会忍让，为将来的爆发也就是成功创造条件，同时它也可以为你提供丰富的经验。日常生活中，每一个人总会遇到来自他人的一些伤害，无缘由的中伤、诽谤……

平白无故的是非给我们带来身心伤害。类似的事件大家也许经历过，也可能以后的日子会遇到。在这种时候，大家应泰然处之，将忍耐进行到底，终有一天所有的错误都将改正。平和的心态不只是给我们自己带来了宁静，也给予他人更多！

百忍成钢，人生就像一个磨刀的过程，忍耐好比磨刀石。当心性修炼得清澈如镜，达到这种不以物喜、不以己悲的境界时，那就是我们历经千锤百炼的刀已炼成。

善待你的对手

善待你的对手，尽显品格的力量和生存的智慧。

一旦谈到双赢，人们一向以为这种情况只会发生在自己与合作伙伴之间，而与对手，"不是你死，就是我亡"，这才是最终的结局。

真的是这样吗？显然，答案是否定的。其实我们和对手也可以走进双赢的境地。

所以，我们需要合作伙伴，而不要排斥对手。

对手，是失利者的良师。有竞争，就免不了有输赢。其实，高下无定式，输赢有轮回。曾经败在冠军手下的人，最有希望成为下一场赛事的冠军。只因败者有赢者做师，取人之长，补己之短，为日后取胜奠基。更有一些智者，一番相争之后，便能知己知彼，比得赢就比，比不赢就转，你种苹果夺冠，我种地瓜同样也可以领先。

对手，是同剧组的搭档。人生在世能够互成对手，也是一种缘分，仿佛同一个分数中的分子、分母。如此说，结局往往只有赢多赢少之别，并无绝对胜败之分。角色有主有次，登台有先有后，掌声有多有少，但彼此相依，缺了谁戏也演不成。同在一个领导班子中也如此，携手共进，共创佳绩，方可交相辉映。

孟子说："入则无法家拂士，出则无敌国外患者，国恒亡。"奥地利作家卡夫卡说："真正的对手会灌输给你大量的勇气。"善待你的对手，方尽显品格的力量和生存的智慧。

在秘鲁的国家级森林公园，生活着一只年轻的美洲虎。由于美洲虎是一种濒临灭绝的珍稀动物，全世界现在仅存 17 只，所以为了很好地保护这只珍稀的老虎，秘鲁人在公园中专门辟出了一块近 20 平方千米的森林作为虎园，还精心设计和建造了豪华的虎房，好让美洲虎自由自在地生活。

虎园里森林茂密，百草丛生，沟壑纵横，流水潺潺，并有成群人工饲养的牛、羊、鹿、兔供老虎尽情享用。凡是到过虎园参观的游人都说，如此美妙的环境，真是美洲虎生活的天堂。

然而，让人们感到奇怪的是，从来没有人看见美洲虎去捕捉那些专门为它预备的"活食"。从来没有人见它王者之气十足地纵横于雄山大川，啸傲于莽莽丛林，甚至未见它像模像样地吼上几嗓子。

人们常看到它整天待在装有空调的虎房里，或打盹儿，或耷拉着脑袋，睡了吃吃了睡，无精打采。有人说它大约是太孤独了，若是找个伴儿，或许会好些。

于是政府又通过外交途径，从哥伦比亚租来了一只母虎与它做伴，但结果还是老样子。

一天，一位动物行为学家到森林公园来参观，见到美洲虎

现在你受的苦，必将照亮你未来的路

那副懒洋洋的样儿，便对管理员说，老虎是森林之王，在它所生活的环境中，不能只放上一群整天只知道吃草，不知道猎杀的动物。

这么大的一片虎园，即使不放进去几只狼，至少也应该放上两只猎狗，否则，美洲虎无论如何也提不起精神。

管理员们听从了动物行为学家的意见，不久便从别的动物园引进了两只美洲狮放进了虎园。这一招儿果然奏效，自从两只美洲狮进虎园的那天起，这只美洲虎就再也躺不住了。

它每天不是站在高高的山顶愤怒地咆哮，就是有如飓风般冲下山冈，或者在丛林的边缘地带警觉地巡视和游荡。老虎那种刚烈威猛、霸气十足的本性被重新唤醒。它又成了一只真正的老虎，成了这片广阔的虎园里真正意义上的森林之王。

一种动物如果没有对手，就会变得死气沉沉。同样的，一个人如果没有对手，那他就会甘于平庸，养成惰性，最终导致庸碌无为。

一个群体如果没有对手，就会因为相互的依赖和潜移默化而丧失活力，丧失生机。

一个行业如果没有对手，就会因为丧失进取的意志，安于现状而逐步走向衰亡。

许多人都把对手视为心腹大患、异己、眼中钉、肉中刺，恨不得马上除之而后快。其实只要反过来仔细一想，便会发现拥有一个强劲的对手，反而倒是一种福分、一种造化。

因为一个强劲的对手，会让你时刻有种危机四伏感，它会激发出你更加旺盛的精神和斗志。

有时候，表面上看来，我们从对手身上得到的学习机会没有那么直接、明显，然而，仅仅是承受他带给我们的压力，就已是很宝贵的机会，可以对我们的成长起到很大的助益。不要随便把对手视为敌人或仇人，只有这样，我们才可以冷静地观察对方，客观地审视自己；也唯有这样，才能在与对手交手的过程中学到东西。

然而，很多人无法这样看待对手。由于对手和敌人往往只有一线之隔，甚至是一体两面，因而对手也很容易被视为仇人。很多人会带着各种情绪来看待对手，经常会这样想：敌人和仇人当然是不好的，哪有向他们学习的道理？

不少人在碰到对手的时候，首先是不屑一顾（觉得对手的实力不过如此），接下来是愤怒（发现这样的人竟然有很多人喜欢，还威胁甚至超越自己），最后则是不允许别人在面前说对手的只言片语。

其实，越是敌人和仇人，可学的东西才越多。对方要消灭你，一定是倾巢而动、精锐尽出。对方使出浑身解数的时候，也就是传授你最多招数的时候（敌人为了激怒你、伤害你而使出的一些手段，就是任何其他老师所不能教你的）。所以，如果你有个很强的对手，你应该从心底欢喜。就像每天要照照镜子一样，你每天都要仔细盯紧这个对手，好好欣赏他，好好向他学习。而最好的学习，永远来自于你和他交手、被他击中的那一刻。

一个人有了对手，才会有危机感，才会有竞争力。有了对手，你便不得不奋发图强，不得不革故鼎新，不得不锐意进取，否则，就只有等着被吞并、被替代、被淘汰。

善待你的对手吧！有时候，将我们送上领奖台的，不是我们的朋友，而恰恰是我们的对手。

远离虚荣才能接近对手

对手是你的"敌人"，但从另一个方面来说，对手也是对你的成功帮助最大的人。你只有抛弃虚荣心理，才能跟你的对手走到一起。

商场上有句俗话这样说："同行是冤家。"不错，你的同行的确就是你的竞争对手。在抢占市场时，你们的确是冤家。但是，不可否认的是，如果没有竞争对手，只有个人垄断，那将会导致不思发展的后果。有时候，要想使自己变得更强更好，你必须要善待自己的对手。

那你要怎样接近自己的对手呢？这就要求你抛弃虚荣心理，主动和对方接触，你才能接近对手，并了解对手，学习对手，最终达到双赢的效果。

有个名叫西拉斯的人，在一个小镇上开一家杂货铺。这铺子是他爸爸传下来的，他爸爸又是从他爷爷手里接过来的。他爷爷开这铺子的时候南北两边正在打仗。

西拉斯买卖公道，信誉很好。他的铺子对镇上的人来说就像手足，不可缺少。西拉斯的儿子在长大，小铺子就要有新接班人了。

可是有一天，一个外乡人笑嘻嘻地来拜访西拉斯，情况便变得严重了！此人说，他想买下这铺子，请西拉斯自己报价。

西拉斯怎么舍得？即便出双倍价格他也不能卖！这铺子可不仅仅是铺子，这是事业，是遗产，是信誉！

外乡人耸耸肩，笑嘻嘻地说："抱歉，我已选定街对面那幢空房子，粉刷一番，弄得富丽堂皇，再进些上好货品，卖得更便宜，那时你就没生意了！"

西拉斯眼见对面空房贴出了翻新布告，一些木匠在里面锯呀刨呀，有一些漆匠爬上爬下，他的心都碎了！他无可奈何却又不无骄傲地在自家店门上贴了张告示："敝号系老店，95 年前开张。"

对面也换了一张告示："敝号系新店，下礼拜开张。"

人们对比着读了，无不心中暗笑。

新店开业前一天，西拉斯坐在他那间阴暗的店堂里想心事，他真想把对手臭骂一顿，幸亏西拉斯有个好妻子。

"西拉斯，"她用低低的声音缓缓地说，"你巴不得把对面那房子放火烧了，是不是？"

"是巴不得！"西拉斯简直在咬牙切齿，"烧了有什么不好？"

现在你受的苦，必将照亮你未来的路

"烧也没用，人家保险过。再说，这样想也缺德。"

"那你说我该怎么想？"西拉斯冒着火。

"你该去祝愿。"

"祝愿天火来烧？"

"你总说自己是个厚道人，西拉斯，你一碰到切身事就糊涂。你该怎么做不是很清楚吗？你应该祝愿新店开业成功。"

"你是脑筋出问题了吧，贝蒂？"

说是这么说，西拉斯最后还是决定去一次。

第二天早晨新店还没开门，全镇人已等在外边。大家看着正门上方赫然写着"新新百货店"几个金字，都想进去一睹为快。

西拉斯也在人群中，他快快活活跨到台阶上大声说："外乡老弟，恭喜开业，谢谢你给全镇人带来方便！"

他刚说完便吃了一惊，因为全镇人都围上来朝他欢呼，还把他举起来。大家跟他进店参观。谁都关心标价，谁都觉得很公道。那外乡老板笑嘻嘻地牵着西拉斯的手，两个生意人看起来就像老朋友。

后来，两家生意都做得兴隆，因为小镇一年年变大了。

故事给我们一个很好的启示：

一个能容忍对手发展的人，不但是一个胸襟宽广的人，还是一个具有远见的人。让竞争对手时刻在背后激励自己、鞭策自己，使自己不能有片刻懈怠，努力向前发展，实现双赢目的，实在是再好不过。

放下自私和虚荣，主动接受对方。"尺有所短，寸有所长"，只要你诚心结交，对方也会坦诚相待，你就会从对手身上学到长处，从而更有利于自己的发展。

现在你受的苦，必将照亮你未来的路

第七章

别人的眼里，没有你想要的人生

自己去掌舵，命运才精彩

我们应该做命运的主人，而不应由命运来折磨摆布自己。西方哲学家蓝姆·达斯曾讲了一个真实的故事。

一个因病而仅剩下数周生命的妇人，一直将所有的精力都用来思考和谈论死亡有多恐怖。

以安慰垂死之人著称的蓝姆·达斯当时便直截了当地对她说："你是不是可以不要花那么多时间去想死，而把这些时间用来活呢？"

他刚对她这么说时，那妇人觉得非常不快。但她看出蓝姆·达斯眼中的真诚时，便慢慢地领悟到他话中的含义。

"说得对！"她说，"我一直忙着想死，完全忘了该怎么活了。"

一个星期之后，那妇人还是过世了。她在死前充满感激地对蓝姆·达斯说："过去一个星期，我活得要比前一阵子丰富多了。"

你为什么要把命运交给别人掌控呢？自己去掌舵，生命才会更精彩。

在某大学入学教育的第一堂课上，年近花甲的老教授对学生们说："请问在座的各位，你们从千里之外考到这所院校，独自一人到学校报名的同学请举手。"举手者寥寥无几，且大多都是从

现在你受的苦，必将照亮你未来的路

农村来的。教授接着说："由父母亲自送到学校接待点的请举手。"大教室里近百双手齐刷刷地举了起来。教授摇摇头，笑了笑给学生们讲了这样一个故事：

一个中国留学生，以优异的成绩考入了美国的一所著名大学，由于人生地不熟，思乡心切加上饮食生活等诸多的不习惯，入学不久便病倒了，更为严重的是由于生活费用不够，他的生活甚为窘迫，濒临退学。给餐馆打工一小时可以挣几美元，他嫌累不干，几个月下来他所带的费用所剩无几，学校放假时他准备退学回家。回到故乡后，在机场迎接他的是他年近花甲的父亲。他走下飞机扶梯的时候，立刻看到自己久违的父亲，便兴高采烈地向他跑去，父亲脸上堆满了笑容，张开双臂准备拥抱儿子。可就在儿子搂到父亲脖子的那一刹那，这位父亲却突然快速地向后退了一步，孩子扑了个空，一个趔趄摔倒在地。他对父亲的举动深为不解。父亲拉起倒在地上已经开始抽泣的孩子深情地对他说："孩子，这个世界上没有任何人可以做你的靠山，当你的支点。你若想在生活中立于不败之地，任何时候都不能丧失自立、自信、自强的生命支点，一切全靠你自己！"说完父亲塞给孩子一张返程机票。这位学生没跨进家门直接登上了返校的航班，返校不久他获得了学院里的最高奖学金，且有数篇论文发表在有国际影响力的刊物上。

教授讲完后，学生们急于知道这个父亲是谁，老教授说："这世界上每一个人出生在什么样的家庭，有多少财产，有什么样的父亲、什么样的地位、怎样的亲朋好友并不重要，重要的是我们不能将希望寄托于他人，必要时要给自己一个趔趄，只要不轻言放弃，自立、自信、自强，就没有什么实现不了的事。"

教授这样说完后，全场鸦雀无声，同学们似乎一下子长大了许多。

亨利曾经说过："我是命运的主人，我主宰我的心灵。"做人应该做自己的主人；应该主宰自己的命运，不能把自己交付给别人。然而，生活中有的人却不能主宰自己。有的人把自己交付给了金钱，成为金钱的奴隶；有的人为了权力，成了权力的俘虏；有的人经不住生活中各种挫折与困难的考验，把自己交给了上帝；有的人经历一次失败后便迷失了自己，向命运低头，从此一蹶不振。

一个不想改变自己命运的人，是可悲的；一个不能靠自己的能力改变命运的人，是不幸的。一个人的成功，要经过无数的考验，而一个经受不住考验的人是绝对不能干出一番大事的。很多人之所以不能成就大事，关键就在于无法激发挑战命运的勇气和决心，不善于在现实中寻找答案。古今中外的成功者，无不凭借自己的努力奋斗，掌控命运之舟，在波峰浪谷中破浪扬帆。

每个人都要努力做命运的主人，不能任由命运摆布自己。像莫扎特、凡·高这些历史上的名人，都是我们的榜样，他们生前都没有受到命运的公平待遇，但他们没有屈服于命运，没有向命

现在你受的苦，必将照亮你未来的路

运低头，他们向命运发起了挑战，最终战胜了命运，成了自己的主人，成了命运的主宰。

你无须反对他人，但一定要支持自己

每一个人的一生都是自己的，走怎样的路都只能由自己决定，从没有什么圣人、高人可以帮你。幸福也是一样，每一个人对幸福都有不同的感觉，真正属于自己的幸福，只有自己能感觉得到。

1947 年，美孚石油公司董事长贝里奇到开普敦巡视工作。在卫生间里，他看到一位黑人小伙子正跪在地板上擦上面的水渍，并且每擦一下，都虔诚地叩一下头。贝里奇感到很奇怪，问他为何如此，黑人答，在感谢一位圣人。贝里奇问他为何要感谢那位圣人，黑人说，是他帮自己找到了这份工作，让他终于有了饭吃。

贝里奇笑了，说："我曾遇到一位圣人，他使我成了美孚石油公司的董事长，你愿意见他一下吗？"黑人说，"我是个孤儿，从小靠锡克教会养大，我很想报答养育过我的人，这位圣人若使我吃饱之后，还有余钱，我愿去拜访他。"

贝里奇说："你一定知道，南非有一座很有名的山，叫大温特胡克山。据我所知，那上面住着一位圣人，能为人指点迷津，凡是能遇到他的人都会前程似锦。20年前，我去南非登上过那座山，正巧遇到他，并得到他的指点。假如你愿意去拜访，我可以向你的经理说情，准你一个月的假。"这位年轻的黑人谢过贝里奇后就上路了。在30天的时间里，他一路披荆斩棘，风餐露宿，历尽艰辛，终于登上了白雪覆盖的大温特胡克山。他在山顶徘徊了一天，除了自己，什么都没有遇到。

黑人小伙子很失望地回来了，他见到贝里奇后，说的第一句话是："董事长先生，一路上我处处留意，直至山顶，我发现，除了我之外，根本没有什么圣人。"贝里奇："你说得很对，除你之外，根本没有什么圣人。"

20年后，这位黑人小伙子做了美孚公司开普敦分公司的总经理，他的名字叫贾姆讷。2000年，世界经济论坛大会在上海召开，他作为美孚石油公司的代表参加了大会，在一次记者招待会上，针对他的传奇一生，他说了这么一句话：你发现自己的那一天，那就是你遇到圣人的时候。

一个乞丐来到一个庭院，向女主人乞讨。这个乞丐很可怜，他的右手连同整条手臂断掉了，空空的袖子晃荡着，让人看了很难过，碰上谁，都会被慷慨施舍的，可是女主人毫不客气地指着门前一堆砖对乞丐说："你帮我把这砖搬到屋后去吧。"

乞丐生气地说："我只有一只手，你还忍心叫我搬砖，不愿给就不给，何必捉弄人呢？"

女主人并不生气，俯身搬起砖来。她故意用一只手搬了一趄，说："你看，并不是非要两只手才能干活儿。我能干，你为什么不能干呢？"

乞丐怔住了，他用异样的眼光看着妇人，尖突的喉结像一枚橄榄上下滑动了两下，终于他俯下身子，用他那唯一的一只手搬起砖来，一次只能搬两块，他整整搬了 4 个小时，才把砖搬完，累得气喘如牛，脸上有很多灰尘，几绺乱发被汗水濡湿了，歪贴在额头上。

妇人递给乞丐一条雪白的毛巾，乞丐接过去，很仔细地把脸和脖子擦了一遍，白毛巾变成了黑毛巾。

妇人又递给乞丐 20 元钱，乞丐接过钱，感激地说了声："谢谢你。"

妇人说："你不用谢我，这是你自己凭力气挣的工钱啊！"

乞丐说："我不会忘记你的，这条毛巾留给我做个纪念吧。"说完深深地鞠了一躬，就上路了。

过了很多天，又有一个乞丐来这里乞讨，那妇人又让他把以前搬到屋后的砖搬到屋前去，可乞丐却以身体有残疾不能劳动为由，拒绝了妇人的要求，不屑地走开了。

妇人的孩子不解地问母亲："上次你让那乞丐把砖从屋前搬到屋后，为何这次你又让这人搬到屋前呢？"

母亲对他说："砖放在屋前屋后都一样，可搬与不搬对他们却不一样。"

若干年后，一个很体面的人来到这个庭院，他西装革履，气度不凡，美中不足的是，这个人只有一只手。他俯下身，对坐在院中的已有些老态的女主人说："如果没有你，我还是个乞丐，可现在我成了公司的董事长。"

老妇人只是淡淡地对他说："这是你自己干出来的。"

依赖别人就像乞讨，这种习惯会消磨你的斗志，是阻止你步向成功的一个个绊脚石，要想成大事你必须把它们一个个踢开。

对于成大事者而言，拒绝依赖他人是对自己能力的一大考验。这就是说，依附于别人是肯定不行的，因为这是把命运交给了别人，而失去做大事的主动权。

有些人一遇到什么事，首先想到的是求人帮助；有些人不管有事没事，总喜欢跟在别人身后，以为别人能解决他的一切疑难。这样的人，就是有依赖心理的人。

一个完全健康的人的特征之一就是充分的自主性和独立性。每一个人的一生都是自己的，走怎样的路都只能由自己决定，你是你自己的圣人。

就算全世界都否定你，你也要相信自己

有一个墨西哥女人和丈夫、孩子一起移民美国，当他们抵达德州边界艾尔巴索城的时候，她丈夫不告而别，离她而去，留下她束手无策地面对两个嗷嗷待哺的孩子。22岁的她带着不懂事

现在你受的苦，必将照亮你未来的路

的孩子，饥寒交迫。虽然口袋里只剩下几块钱，她还是毅然买下车票前往加州。在那里，她给一家墨西哥餐馆打工，从大半夜做到早晨 6 点钟，收入只有区区几块钱。然而她省吃俭用，努力储蓄，希望能做属于自己的工作。

后来她要自己开一家墨西哥小吃店，专卖墨西哥肉饼。有一天，她拿着辛苦攒下来的一笔钱，跑到银行向经理申请贷款，她说："我想买下一间房子，经营墨西哥小吃。如果你肯借给我几千块钱，那么我的愿望就能够实现。"一个陌生的外国女人，没有财产抵押，没有担保人。她自己也不知能否成功。但幸运的是，银行家佩服她的胆识，决定冒险资助……15 年以后，这家小吃店扩展成为全美最大的墨西哥食品批发店。她就是拉梦娜·巴努宜洛斯，曾经担任过美国财政部长。

这是一个平凡女人的自信带来的成功。自信使她白手起家寻求生路，自信给了她战胜厄运的勇气和胆量，自信也给她带来了聪明和智慧。任何人都会成功，只要你肯定自己、相信自己一定会成功，那么你将如愿以偿。

自信与胆量密切相关，自信可以产生勇气，同样，勇气也可以产生自信，而缺乏胆量或过分的自我批判就会削弱自信。

自信是成功人生的最初的驱动力，是人生的一种积极的态度和向上的激情。

同是享用一盘水果，有的人喜欢从最小最坏的吃起，把希望放在下一颗，感觉吃过的每一颗都是盘里最坏的，这盘水果就彻头彻尾成了一盘坏水果了。相反，有的人喜欢从最好最大的吃起，那么吃下去的每一颗都是盘里的最好的，美好的感觉可以维持到最后。

这是一种奇妙的非逻辑性的感觉，充满心理错觉和心理暗示。

自信与自卑，也是如此。主动与被动仅一字之差，但生命情调却如同吃这盘水果，神情感觉相隔万里。

同是阴雨天气，自信的人在灵魂上打开一扇天窗，让阳光洒在心里，由内而外透射出来，神采奕奕精力充沛，温暖让你感觉得到；自卑的人却在灵魂上打了一排小孔，让阴雨渗进去，潮湿的霉气散发出来，她站在阴暗的边缘，一不小心都看不出来。

同是看一个人，一个比自己优秀的人。自信的人懂得欣赏，并在欣赏的过程中充实自己，相信"我可以更好"；自卑的人萌生嫉妒，并在嫉妒的过程中不断丑化对方，让自己相信"原来我看错了"。

相隔并不遥远，就像在有雾的天气里近处的一盏路灯。灯光暗淡，光影模糊，感觉很有一段距离。然而等太阳出来，云雾散去，才发现原来那盏灯就在眼前。

这个时代充斥着物欲的身影和浮躁的气息，自信在不经意间就成了一种奢侈。时下所谓的自信，多流于无知的轻率或任性的固执，或目空一切，或刚愎自用，或一意孤行。人们把目光短浅的狂妄叫作自信，却不在意其盲目。人们把阻言塞听的自负叫作自信，却不在意其狭隘。人们把掩耳盗铃的鲁莽叫作自信，却不在意其愚昧。自信仿佛成了点缀个性的奢侈之品，体现性格的装饰之物。

所以，真正的自信是一种睿智，那是胸有成竹的镇静，是虚怀若谷的坦荡，是游刃有余的从容，是处乱不惊的凛然。

自信不是初生牛犊不怕虎的意气，也不是搬弄教条经验的冥顽。自信不是孤芳自赏，不是夜郎自大，也不是毫无根据的自以为是和盲目乐观。自信的魅力在于它永远闪耀着睿智之光。它是深沉而不浅表的，是一种有着智慧、勇气、毅力支撑的强大的人格力量。

真正自信者，必有深谋远虑的周详，有当机立断的魄力，有坚定不移的矢志，有雍容大度的豁达。它蕴涵在果决刚毅的眉宇之间，是夸父追日，生生不息。它潜藏在宽阔博大的襟怀之中，是高瞻远瞩，胸怀全局。它浮现在力挽狂澜的气势之上，是审时度势，取舍自如。

乐观的态度、自信的人生，是充实而又富有的，是另一种别样的财富，这种财富只有拥有了乐观自信的人才会拥有它。

别太在意别人的眼光，那会抹杀你的光彩

在这个世界上，没有任何一个人可以让所有人都满意。跟着

他人的眼光来去的人，会逐渐黯淡自己的光彩。

西莉亚自幼学习艺术体操，她身段匀称灵活。可是很不幸，一次意外事故导致她下肢严重受伤，一条腿留下后遗症，走路有一点跛。为此，她十分沮丧，甚至不敢走上街去。作为一种逃避，西莉亚搬到了约克郡乡下。

一天，小镇上的雷诺兹老师领着一个女孩儿来向西莉亚学跳苏格兰舞。在他们诚恳的请求下，西莉亚勉为其难地答应了。为了不让他们察觉自己残疾的腿，西莉亚特意提早坐在一把藤椅上。可那个女孩儿偏偏天生笨拙，连起码的乐感和节奏感都没有。当那个女孩儿再一次跳错时，西莉亚不由自主地站起来给对方示范。西莉亚一转身，便敏感地看见那个女孩儿正盯着自己的腿，一副惊讶的神情。她忽然意识到，自己一直刻意掩盖的残疾在刚才的瞬间已暴露无遗。这时，一种自卑让她无端地恼怒起来，对那个女孩儿说了一些难听的话。西莉亚的行为伤害了女孩儿的自尊心，女孩儿难过地跑开了。

事后，西莉亚深感歉疚。过了两天，西莉亚亲自来到学校，和雷诺兹老师一起等候那个女孩儿。西莉亚对那个女孩儿说："如果把你训练成一名专业舞者恐怕不容易，但我保证，你一定会成为一个不错的领舞者。"这一次，他们就在学校操场上跳，有不少学生好奇地围观。那个女孩儿笨手笨脚的舞姿不时招来同学的嘲笑，她满脸通红，不断犯错，每跳一步，都如芒刺在背。西莉亚看在眼里，深深理解那种无奈的自卑感。她

现在你受的苦，必将照亮你未来的路

走过去，轻声对那个女孩儿说："假如一个舞者只盯着自己的脚，就无法享受跳舞的快乐，而且别人也会跟着注意你的脚，发现你的错误。现在你抬起头，面带微笑地跳完这支舞曲，别管步伐是不是错。"

说完，西莉亚和那个女孩儿面对面站好，朝雷诺兹老师示意了一下。悠扬的手风琴音乐响起，她们踏着拍子，欢快起舞。其实那个女孩儿的步伐还有些错误，而且动作不是很和谐。但意外的效果出现了——那些旁观的学生为她们脸上的微笑所感染，而不再关注舞蹈细节上的错误。后来，有越来越多的学生情不自禁地加入到舞蹈队伍中。大家尽情地跳啊跳啊，直到太阳下山。

生活在别人的眼光里，就会找不到自己的路。其实，每个人的眼光都有不同。面对不同的几何图形，有人看出了圆的光滑无棱，有人看出了三角形的直线组成，有人看出了半圆的方圆兼济，有人看出了不对称图形特有的美……同是一个甜麦圈，悲观者看见一个空洞，乐观者却品尝到它的味道。同是交战赤壁，苏轼高歌"雄姿英发，羽扇纶巾，谈笑间樯橹灰飞烟灭"，杜牧却低吟"东风不与周郎便，铜雀春深锁二乔"。同是"谁解其中味"的《红楼梦》，有人听到了封建制度的丧钟，有人看见了宝黛的深情，有人悟到了曹雪芹的用心良苦，也有人只津津乐道于故事本身……

人生是一个多棱镜，总是以它变幻莫测的每一面反照生活中的每一个人。不必介意别人的流言蜚语，不必担心自我思维的偏差，坚信自己的眼睛、坚信自己的判断、执着自我的感悟，用敏锐的视线去审视这个世界，用心去聆听、抚摸这个多彩的人生，给自己一个富有个性的回答。

自己的人生无须浪费在别人的标准中

童话里的红舞鞋，漂亮、妖艳而充满诱惑，一旦穿上，便再也脱不下来。我们疯狂地转动舞步，一刻也停不下来，尽管内心充满疲惫和厌倦，脸上还得挂出幸福的微笑。我们在众人的喝彩声中终于以一个优美的姿势为人生画上句号时，才发觉这一路的风光和掌声，带来的竟然只是说不出的空虚和疲惫。

人生来时双手空空，却要让其双拳紧握；而等到人死去时，却要让其双手摊开，偏不让其带走财富和名声……明白了这个道理，人就会对许多东西看淡。幸福的生活完全取决于自己内心的简约而不在于你拥有多少外在的财富。

18世纪法国有个哲学家叫戴维斯。有一天，朋友送他一件质地精良、做工考究、图案高雅的酒红色睡袍，戴维斯非常喜欢。可他穿着华贵的睡袍在家里踱来踱去，越踱越觉得家具不是破旧不堪，就是风格不对，地毯的针脚也粗得吓人。慢慢地，旧物件挨个儿更新，书房终于跟上了睡袍的档次。戴维斯穿着睡袍坐在帝王气十足的书房里，可他却觉得很不舒服，因为自己居然被一

现在你受的苦，必将照亮你未来的路

件睡袍胁迫了。

戴维斯被一件睡袍胁迫了，生活中的大多数人则是被过多的物质和外在的成功胁迫着。很多情况下，我们受内心深处支配欲和征服欲的驱使，自尊和虚荣不断膨胀，着了魔一般去同别人攀比，谁买了一双名牌皮鞋，谁添置了一套高档音响，谁交了一位漂亮女友，这些都会触动我们敏感的神经。一番折腾下来，尽管钱赚了不少，也终于博得别人羡慕的眼光，但除了在公众场合拥有一两点流光溢彩的光鲜和热闹以外，我们过得其实并没有别人想象的那么好。

男人爱车，女人爱别人说自己的好。一定意义上来说，人都是爱慕虚荣的，不管自己究竟幸福不幸福，常常为了让别人觉得很幸福就很满足，人往往忽视了自己内心真正想要的是什么，而是常常为外在的事情所左右，别人的生活实际上与你无关，不论别人幸福与否都与你无关，而你将自己的幸福建立在与别人比较的基础之上，或者建立在了别人的眼光中。幸福不是别人说出来的，而是自己感受的，人活着不是为别人，更多的是为自己。

《左邻右舍》中提到这样一个故事：说是男主人公的老婆看到邻居小马家卖了旧房子在闹市区买了新房，他的老婆就眼红了，非要也在闹市区选房子，并且偏偏要和小马住同一栋楼，而且要一定选比小马家房子大的那套。当邻居问起的时候，她会很自豪地说："不大，一百多平方米，只比304室小马家大那么一点儿！"气得小马老婆灰头土脸的。过了几天，小马的老婆开始逼小马和她一起减肥，说是减肥之后，他们家的房子实际面积一定不会比男主人公家的小，男主人公又开始担心自己的老婆知道后会不会让他们一起减肥！这个故事自己看起来虽然很好笑，但是却时常在我们的生活中发生，人将自己生活沉浸在了一个不断与人比较的困境中，被自己生活之外的东西所左右，岂不是很可悲？

　　一个人活在别人的标准和眼光之中是一种痛苦，更是一种悲哀。人生本就短暂，真正属于自己的快乐更是不多，为什么不能为了自己而完完全全、真真实实地活一次？为什么不能让自己脱离总是建立在别人基础上的参照系？如果我们把追求外在的成功或者"过得比别人好"作为人生的终极目标的时候，就会陷入物质欲望为我们设下的圈套而不能自拔。

第八章

对未来的真正慷慨，就是把一切献给现在

要想收获，就得先付出

要想得到一些东西，你就必须得付出一些东西，付出多少，你就能得到多少。俗话说，一分耕耘，一分收获。当然，你不必刻意地追求回报，它总是会自己悄悄到来的。

有个人在沙漠里穿行，已经连续几天没喝水了。他饥渴难耐，马上就要支撑不住了，突然发现在前面一株巨大的仙人掌下面有一个压水井。

他欣喜若狂，马上走了过去。看见压水井上面放着一瓶水，他嗓子都要冒烟了，不管三七二十一拿起瓶子准备喝水，发现水井上有块醒目的警告牌子，他忍住干渴，只见牌子上写着这样一些字：

"这里距离沙漠的尽头，最近的距离是 160 千米。

"如果你现在将这瓶水喝完，虽然能暂时解除你的干渴，但是你绝对不可能走出沙漠。

"如果你将瓶子里的水倒入压水泵，引出井里的水，那么你就能畅饮清凉洁净的井水，使你能平安走出这片沙漠。最后，享用完了别忘了为别人装满一瓶水。"

这个人心想，幸好我看了警告，不然后果……然后他将瓶子中的水倒入水泵中，喝足了清凉的井水，安全走出了这片沙漠。

在取得之前，要先学会付出。只有懂得付出，才能引出生命之水，助你安然走过人生的沙漠。种瓜得瓜，种豆得豆。春种一粒粟，秋收万颗子。没有付出，却想不劳而获，就同妄想天上掉馅饼是一样的道理。

一位从南方来的乞丐与一位从北方来的乞丐在路上相遇。南方乞丐惊愕地说道："你多么像我，我也多么像你，你的神情、服装、举止，甚至那个碗，都和我的简直一模一样。"

北方乞丐也兴奋地嚷着："我觉得在遥远的过去，似乎早就与你相识了。"这两位乞丐被彼此吸引，他们渐渐地爱上了对方。于是，他们不再去天涯海角流浪讨饭，彼此只想依偎在一起。

南方乞丐问："我们已经在一起了，你还拿着碗乞求什么？"

北方乞丐说："这还需要问吗？当然是乞求你的爱。我知道你是爱我的，除了我之外，还有谁跟我一样与你有这么多相同点呢？"

北方乞丐继续说道："亲爱的，将你碗里满满的爱，倒在我的空碗里吧，让我感受你无比的温暖。"

南方乞丐回答说："我端的也是空碗，难道你没瞧见吗？我也祈求你的爱倒入我的空碗，让我的空碗满满的都是你的爱。"

"我的碗是空的，又怎么给你呢？"北方乞丐一脸狐疑。

南方乞丐也说："我的碗难道是满的吗？"

两个乞丐互相乞讨，都期望对方能给自己一些什么，可是一直到最后，任何一方都没有得到对方的爱。

他们渐渐累了，各自叹息之后，走回自己原本的路，继续向其他人乞讨。

在期待别人的付出前，你要先学会付出。爱是相互的。建立在对对方予取予求基础上的爱，就像沙滩上的城堡，指望它能经得起海浪的洗礼是不明智的；因为事实告诉我们，只有靠双方真诚付出，才能使我们的城堡建立在坚实的岩石上，我们爱的城堡才可以在风雨中屹立不倒。

所以，要想得到一些东西，你就必须得付出一些东西，付出多少，你就能得到多少。俗话说，一分耕耘，一分收获。当然，你不必刻意地追求回报，它总是会自己悄悄到来的。

享受生命，珍惜你拥有的

活着一天，就是有福气，就该珍惜。当你因为没有鞋子穿而哭泣的时候，你往往会发现有人还没有脚。

有一个美国商人去墨西哥旅游。他坐在墨西哥海边一个小渔村的码头上，看着一个墨西哥渔夫划着一艘小船靠岸。

小船上有好几尾大金枪鱼，美国商人就问渔夫："要多少时间才能抓这么多鱼？"

渔夫说，才一会儿工夫就抓到了。美国人再问："你为什么不待久一点儿，好多抓一些鱼？"墨西哥渔夫觉得不以为然："这些

现在你受的苦，必将照亮你未来的路

鱼已经足够我一家人生活所需啦！"

美国人又问："那么你一天剩下那么多时间都在干什么？"

渔夫解释："我呀？我每天睡到自然醒，出海抓几条鱼，回来后跟孩子们玩儿一玩儿，再跟老婆睡个午觉，黄昏时晃到村子里喝点儿小酒，跟哥们儿玩玩儿吉他，我的日子可过得充实又忙碌呢！"

美国人不以为然，帮他出主意说："我是哈佛大学工商管理学硕士，我倒是可以帮你忙！你应该每天多花一些时间去抓鱼，到时候你就有钱去买条大一点儿的船。自然你就可以抓更多鱼，再买更多渔船。然后你就可以拥有一个渔船队。到时候你就不必把鱼卖给鱼贩子，而是直接卖给加工厂。然后你可以自己开一家罐头工厂。如此你就可以控制整个生产、加工处理和行销。然后你可以离开这个小渔村，搬到墨西哥城，再搬到洛杉矶，最后到纽约，在那里经营你的企业。"

渔夫问："这又得花多少时间呢？"

美国人回答："15 到 20 年。"

渔夫问："然后呢？"

美国人大笑着说："然后你就可以在家睡大觉了！时机一到，你就可以宣布股票上市，把你的公司股份卖给投资者。到时候你就发啦！你可以几亿美元地赚！"

"然后呢？"渔夫继续问。

美国人说："到那个时候你就可以退休啦！你可以搬到海边

的小渔村去住。每天睡到自然醒，出海随便抓几条鱼，跟孩子们玩儿一玩儿，再跟老婆睡个午觉，黄昏时，晃到村子里喝点儿小酒，跟哥们儿玩玩儿吉他。"

渔夫疑惑地说："我现在不就是这样了吗？人的一生，到底在追求什么？"

人的一生，到底在追求什么？渔夫向我们发出了这么一个疑问。这个问题对于我们每个人都有现实意义。对于未来，一切都是未知数。但是享受生活，珍惜你所拥有的，却是我们可以把握的。

有一个一无所长的年轻人，感到自己生活得非常无聊。于是，他就去拜访一位哲人，希望哲人能够给他的未来指明一条道路。

哲人问他："你为什么来找我呢？"

年轻人回答道："我至今仍一无所有，恳请你给我指明一个方向，使我能够找到人生的价值。"

哲人摇了摇头，说："我感觉你和别人一样富有啊，因为每一天，时间老人也在你的'时间银行'里存下了 86 400 秒的时间。"

年轻人苦涩地一笑，说："那有什么用处呢？它们既不能被当作荣誉，也不能换作一顿美餐。"

哲人严肃地打断了他的话，问道："难道你不认为它们珍贵吗？那你不妨去问一个刚刚延误乘机的游客，一分钟值多少钱；你再去问一个刚刚死里逃生的'幸运儿'，一秒钟值多少钱；

现在你受的苦，必将照亮你未来的路

最后，你去问一个刚刚与金牌失之交臂的运动员，一毫秒值多少钱。"

听了哲人的一番话，年轻人羞愧地低下了头。

哲人继续说道："只要你认识到时间的珍贵，去发现一件自己想做的事情，那你脚下的路会慢慢明朗起来。"

只要我们珍惜拥有的，那么我们就是富有的。因为，我们每天都拥有 86 400 秒的时间可以支配。如果你不珍惜，人生最宝贵的东西——时间——就会像风一样从你的身边溜过，给日子留下一片苍白。当你懂得珍惜，知道让每一秒的时间都应该给生活涂上一抹色彩，那么你的人生自然就绚丽起来了。

躺着思想，不如站起来行动

成功地将一个好主意付诸实践，比在家里空想出 1000 个好主意要有价值得多。没有行动，再远大的目标只是目标，再完美的设想也仅仅是设想，要想使其变为现实，必须付出行动。

在远古的时候，有两个朋友，相伴去遥远的地方寻找人生的幸福和快乐。一路上，两个人风餐露宿，在即将到达目标的时候，遇到了一片风急浪高的大海，而海的彼岸就是幸福和快乐的天堂。关于如何渡过这片海，两个人产生了不同的意见：一个建议采伐附近的树木造成一条木船渡过海去；另一个则认为无论哪种办法都不可能渡过这片海，与其自寻烦恼和死路，不如等这片海流干了，再轻轻松松地走过去。

于是，建议造船的人每天砍伐树木，辛苦而积极地制造船只，并顺带着学会游泳；而另一个则每天躺下休息睡觉，然后到河边观察海水流干了没有。直到有一天，已经造好船的朋友准备扬帆出海的时候，另一个朋友还在讥笑他的愚蠢。

不过，造船的朋友并不生气，临走前只对他的朋友说了一句话："去做一件事不见得一定能成功，但不去做则一定没有机会得到成功！"

能想到躺到海水流干了再过海，这确实是一个"伟大"的创意，可惜的是，这却是个注定永远失败的"伟大"创意。

这片大海终究没有干涸掉，而那位造船的朋友经过一番风浪最终到达了彼岸，这两人后来在这片海的两个岸边定居了下来，也都各自衍生了许多子孙后代。海的一边叫幸福和快乐的沃土，生活着一群我们称为勤奋和勇敢的人；海的另一边叫失败和失落的原地，生活着一群我们称之为懒惰和懦弱的人。

临渊羡鱼，不如退而结网。与其羡慕幻想，不如马上行动。有条件不做等于没有条件，没有条件可以在做的过程中创造条件。想法只有化作行动，才有达成愿望的可能，否则想法永远是想法。

想到了就去做，人的潜能是无法预测的。只要有了好的想法，然后立即行动，相信谁都可以成功，关键看你是否将想法付

现在你受的苦，必将照亮你未来的路

诸行动。

从前有两个和尚，一个很有钱，每天过着舒舒服服的日子；另一个很穷，每天除了念经时间外，就得到外面去化缘，日子过得非常清苦。

有一天，穷和尚对富和尚说："我很想去拜佛，求取佛经，你看如何？"

富和尚说："路途那么遥远，你怎么去？"

穷和尚说："我只要一个钵、一个水瓶、两条腿就够了。"

富和尚听了哈哈大笑，说："我想去也想了好几年，一直没成行的原因就是旅费不够。我的条件比你好，我都去不成，你又怎么去得了？"

然而，过了一年，穷和尚回来，还带了一本佛经送给了有钱的和尚。富和尚看他果真实现了愿望，惭愧得面红耳赤，一句话也说不出来。

我们并不能在行动之前把所有可能遇到的问题统统消除，但是我们可以在行动中克服各种困难。

正因为有不少人总想着等到有100%把握了才行动，反而陷入了行动前的永远等待中。有的人甚至连一个小小的愿望都要等到所有条件都满足后才开始行动。你不可能等到所有条件都成熟后再行动。如果是那样，恐怕也就错过最佳的时机了。

正因为如此，很多人一辈子干不成一件事情，永远处于等待中。只有那些想到就马上动起来的人，才是真正能改变现状的人。

"想到就去做"这好像是一句广告词。说起来，人人皆知，可又有几个人能真的"想到就去做"呢？

美国成功学家格林演讲时，曾不止一次对听众开玩笑说，全球最大的航空速递公司——联邦快递（FedEx）——其实是他构想的。

格林没说假话，他的确曾有过这个主意。20世纪60年代格林刚刚起步，在全美为公司做中介工作，每天都在为如何将文件在限定时间内送往其他城市而苦恼。

当时，格林曾经想到，如果有人开办一个能够将重要文件在24小时之内送到任何目的地的服务，该有多好！

这想法在他脑海中停留了好几年，他也一直经常和人谈起这个构想，遗憾的是，他没有采取行动，直到一个名叫弗列德·史密斯的人（联邦快递的创始人）真的把它转换为实际行动。从而，格林也就与开创事业的大好机会擦身而过了。

格林用自己的故事现身说法：成功地将一个好主意付诸实践，比在家里空想出1000个好主意要有价值得多。没有行动，再远大的目标只是目标，再完美的设想也仅仅是设想，要想使其变为现实，必须付出行动。

可见，行动才是最终决定力量，无论你的计划多么详尽、语言多么动听，你不开始行动，就永远无法达到目标。在一生中，我们有着种种计划，若能够将一切憧憬都抓住，将一切计划都执

现在你受的苦，必将照亮你未来的路

行，那么，事业上所取得的成就将是多么的伟大！

拒绝空谈，有效说话

青蛙和雄鸡有什么不同？生活在水边的青蛙，它们不分白昼黑夜，总是叫个不停，以此来显示自己的存在。可是，它们即使叫得口干舌燥、疲惫不堪，也没有谁会去注意它们到底在叫些什么。司晨的雄鸡，只是在每天黎明到来的时候按时啼叫，然而，"雄鸡一唱天下白"，天地都要为之震动，人们纷纷开始新一天的劳作。两者比较起来，多说话又能有什么好处呢？只有准确把握说话的时机和火候，努力把话说到点子上，才能引起人们的注意，收到预想的效果。

其实，在我们的现实生活中，那些像青蛙一样，不顾时间、地点与场合，整天废话连篇的人还真是不少。夸夸其谈而不注重行动的人最令人反感，成功也永远不会光顾这些华而不实、光说不做的人。他们应当从这篇寓言中吸取教训，改掉夸夸其谈的坏毛病，向司晨的雄鸡学习，恪尽职守，多干实事，少说空话。废话不能改变什么，务实、简洁、有效才是应有的说话方法。

在美国西点军校，有一个广为传诵的悠久传统，学员遇到军官问话时，只能有四种回答："报告长官，是！""报告长官，不是！""报告长官，不知道！""报告长官，我没有任何借口！"

除此以外，不能多说一个字。久而久之，西点军校就养成了一种雷厉风行、简洁有效的说话方式。正是凭借着这种说话方式，无数西点毕业生在人生的各个领域取得了非凡成就。

你也许会反驳："既然人人要学少说话，那么干脆不说话好了。"其实不然，少说话固然是美德，但人们既然生活在现实社会中，只能少说而不是完全不说。既要说话，又要说得少，且说得好，能够语言务实，有效说话，这才是好口才。

苏秦是战国时期的政治家、外交家，满腹经纶，智慧超人。他纵横六国，名扬天下，向他求学的人越来越多。他有个叫苏晋的侄儿，特别崇尚他的辩论技巧，便向他求教。苏秦给他指点了很多次，效果总是不明显。

于是，苏秦便给侄儿讲了一个小故事："从前有个有钱人，非常喜欢钓鱼，为了显示他钓鱼的技巧，刻意装饰了他的钓具：用金子做鱼钩，用香木做鱼饵，用翡翠做垂子，在钓竿上还包上了绸缎，特别好看。可是，这么昂贵而又美丽的钓具竟然钓不上来一条鱼，你知道这是为什么吗？"

侄儿恍然大悟，说："我明白你的寓意了，言语务实最为重要。"

钓具是一种形式，钓鱼才是真正的内容，也就是目的。钓具应围绕钓鱼这个中心，否则一味追求形式，再漂亮的钓竿也钓不到鱼。同样的道理，言语再漂亮，如果空洞无物，那就是无意义的废话。

鲁迅说过:"空谈之类,是谈不久,也谈不出什么来的,它最终被事实的镜子照出原形,拖出尾巴而去。"所以,我们要小心说话,而且要"说好话,会说话,有效说话",话说出口之前先思考一下,不要莽莽撞撞地脱口而出,更不要漫无边际,侃侃而谈,要说实话,说有效的话,把话说到点子上。要想走向成功,有效说话也是关键!

成功只存在于行动中

你付出行动了,说不定就能成功,但是不去做,就一定不会有机会成功。

世界上最远的距离是什么?是嘴和手之间的距离。当代人最缺的不是好的创意和构想,也不是能言善辩的雄辩口才,而是行动能力。一个人能否取得成功,不在于学了多少,说了多少,想了多少,而在于他做了多少。因此,说到和做到之间的距离确实可以算是最远的距离,当然也可以算是最近的距离。关键在于,你能不能"现在行动,马上去做"。

猫是老鼠的天敌,老鼠们因常受猫的袭击而感到十分苦恼。有一天,为了共同的利益,它们聚在一起开会,商量用什么办法对付猫的骚扰,以求平安。会上,多种方案提出来了,但都被否决了,最后一只小老鼠站起来提议,它说在猫的脖子上挂个铃铛，只要听到铃铛响，我们就知道猫来了，便可以马上逃跑。这真是个绝妙的办法，大家对这个建议报以热烈的掌声。

这一决议终于被全票通过，但决策的执行者却始终无法产生。高薪奖励、颁发荣誉证书等等办法一个又一个地提出来，但无论什么高招儿，好像都无法使这一决策得以执行。至今，老鼠还在自己的各种媒体上争辩不休，也经常举行会议……

这则寓言说明，仅有想法是无济于事的，你必须找到有效的执行方法。成功只会存在于行动中，无论你的心中所想象的是什么伟大的成就，没有行动，你就不可能成功。所以，想做的事，就立刻去做！

很多人抱怨自己有决心，有计划，就是不能成功。其实，这些人是非常愚蠢的，只守着成功的欲望，不行动，成功怎能垂青于你？好好想一想：自己是否每天都在下决心，然而每天都无所事事？自己是否胸怀大志，慷慨激昂，但是从来没有付出行动？记住，有了梦想和计划，就一定要动手去做，哪怕只是从一件很小的事情开始。做完一件事，你就会觉得向希望靠近了一步，自信心也能由此增加。否则，梦想永远遥遥无期。因为，成功只存在于行动中。

罗伯特·约翰逊是西伯里和约翰逊公司的合伙人之一，有一天他无意中了解到生物学家约瑟夫·利斯特关于细菌的研究成果，觉得大有可为。1886 年，他们兄弟几个成立了自己的公司——约翰逊公司，并且开始推销他们的消毒纱布。随着医学界逐渐认识到细菌感染的威胁，形势开始对约翰逊兄弟有利了。到1910年，公司发展到需要40栋楼来生产医疗设备。1920年的一天，公司一位名叫厄尔·E.迪克森的职员给同事看了他在家里使用的自动粘贴绷带。厄尔用一小块纱垫粘在胶带上，从而把一些绷带粘在一起，用以保护家里人的割伤或擦伤。公司立即意识到了这项小发明的潜能，不久"邦迪创可贴"就进入了千家万户。

从这个故事里我们可以得知，成功只存在于行动中，没有行动，再好的想法也是空谈，就好比99℃的水少了1℃就不能沸腾。温水和开水的差别就在于这微不足道的1℃。然而，这一步之遥、一度之差又总是艰难和智慧的一跃，是成功与失败的分水岭。这一步，归根结底，就是行动。

一个好的主意，纵使有成百上千人听到，但真正会采取行动将其付诸实践的却往往寥寥无几。你付出行动了，说不定就能成功，但是不去做，就一定不会有机会成功。英国前首相丘吉尔曾指出，虽然行动不一定会带来满意的结果，但不采取行动就绝无满意的结果可言。所以，如果你想获得成功，就必须从行动开始，成功只会存在于行动之中。

万事为之则易，不为则难。凡事都可以在行动中出现转机。目标有难有易，但只要付诸行动，那么难的也会变得容易。不行动的话，容易的也会变得很困难。所以，从现在开始，行动吧！

自助者天助之

假如现在你身处不幸，那么，请丢掉别人会来帮助你的幻想，自己解救自己吧。如果你表现得坚强，上天也许会给你一个机会；如果你软弱，即便上天给你机会，你也抓不住。

"自助"其实很简单，就是自己帮助自己。"自助者天助之"就是说只有自助的人上天才会眷顾他。也许人们会说，谁不希望自己得到上天的眷顾呢？又有谁不关注自己的命运？但人世间庸碌平凡者众，成功者少啊！是的，这些都是事实，但我们不应忘记一个前提，所谓"自助"是一个主动过程，而不仅仅是停留在希望和祈望之中。

有一个教徒遇到了一件麻烦事，他走进庙里，跪在观音像前叩拜，希望观音菩萨能够给予自己力量和帮助。当他叩完头时，抬头看见身边有一个人也在那里叩拜，让人惊奇的是，那个人长得和观音一模一样。

等那个人叩拜完毕，教徒忍不住好奇地问："世界真是无奇不有，你长得与观音菩萨竟然一模一样！难道你就是观音菩萨？"

"没有错！我就是观音。"那个人回答道。

教徒感到更加奇怪了，接着问："既然你本人就是观音菩萨，那你为何还要来此地虔诚地叩拜呢？"

"因为我遇到了一件非常困难的事情啊。"观音菩萨笑道，

"但是，求神又有什么用呢？我只知道求人不如求己。"

俗话说得好："遇事先求己，麻烦少三分。"菩萨尚且如此，更何况我们凡人呢？所以，我们必须先自助，然后才会有天助。如果自己不想办法解决问题，坐等别人的帮助，寄希望于命运的安排，那么最后的结果往往很悲惨。

战国时期，诸侯争霸。当时，强大的赵国想攻打燕国，而要实现这个计划，赵国必须先要攻破夹在燕赵之间的梁国。于是赵国兴师动众，派了十万大军去攻打仅仅只有 4000 人的梁城，危难之际，梁王向善于守城的墨家去求救，希望他们能派一队人马帮助他们抵御住赵国的入侵，而最后他们等来的却仅仅是一个墨者。但这个墨者率领着 4000 人制造了许多先进的守城械具和武器。结果，这 4000 人靠着自己的不懈奋战，在墨者的率领下击退了十万大军，守住了城池。

所以，自助者天助之，如果这 4000 人不自助，即便有十万雄兵相助，说不定也会败下阵来。真正的墨者，就是他们自己。对于我们来说，也是如此。能够拿起来的武器就是我们自己的实力、信念和理想。只有在共同的价值观之下产生的合作才是一个永恒的，能够产生真正价值的合作。这样梦想有多高，就能飞多高。

俗话说："不虚心，不知事；不实心，不成事。"正视困难是自助的前提，平和心态是自助的基础，增强信心是自助的保证，不懈努力是自助的途径。

自助是一种长期的人生准备和追求，其结果是水到渠成。自助者一定是有明确的人生目标的人，一定是为了实现自身的人生规划积极准备的人。任何一个成功故事，都有他的必然性，也就是为成功付出的努力和不懈的追求。

　　真正的自助者是令人敬佩的觉悟者，他会藐视困难，而困难在他的面前也会轰然倒塌。这一过程简直有如天助。其实，真正的自助者就像黑夜里发光的萤火虫，不仅会照亮自己，而且能赢得别人的欣赏。而当人们欣赏一个人时，往往会愿意帮助他。这就是为何自助者会有"天助"的原因。

　　人的一生当中难免遭遇各种不幸、挫折，只要你还不放弃，就没有跨不过去的坎。请相信"自助者天助之"，上天一定不会舍弃那些自强不息的人。

第九章

愿所有辛苦，终不被辜负

成长需要一个过程

奥比太太在她的屋子后面种了一大片玉米。经过几个月的辛苦劳作，眼看就到了收获的季节。

一个颗粒饱满裹着几层绿外衣的玉米说道："收获那天，主人肯定先摘我，因为我是今年长得最好的玉米。"周围的玉米听了，也都随声附和地称赞着。

收获开始了，但是奥比太太只看了看那个最棒的玉米，并没有把它摘走。

"她眼力可能不太好，没注意到我，明天，明天，她一定会把我摘走的！"那个很棒的玉米自我安慰着。

第二天，奥比太太又哼着快乐的歌儿收走了其他的玉米，唯独没有摘这个最好的玉米。

"明天老婆婆一定会把我摘走的！"最好的玉米仍然自我安慰着。

第三天，第四天，奥比太太没有来。从这以后的好多天，奥比太太也没有来过，最好的玉米被摘走的希望越来越渺茫了。

直到一个漆黑的雨夜，最好的玉米才突然感悟到："我总以为自己是今年最好的玉米，但现在连奥比太太都不要我了。白天，我顶着烈日，原来饱满而又排列整齐的颗粒变得干瘪坚硬，整个

现在你受的苦，必将照亮你未来的路

像要炸裂一般。夜晚,我又要和风雨做斗争。也许她真的不需要我,也许我真的不是最好的!"

不知不觉,一缕柔和的阳光照在玉米的脸上,它抬起头来,睁开眼睛,一下就看到了站在它面前的奥比太太。

奥比太太用一种柔和的目光瞧着它,自言自语道:"这可是今年最好的玉米,它的种子明年一定比它今年长得还要好!"

这时,最好的玉米才明白奥比太太不摘走它的原因。正当它想着的时候,它被奥比太太轻轻地摘了下来……

相信自己,被别人承认需要一个过程,笑到最后的人笑得最甜。只要你有实力和能力,总会得到承认,总能闯出一片自己的天地的。

珍珠固然璀璨夺目,但一开始也只是一颗小沙粒,经历漫长的磨砺和成长,才能成为漂亮的珍珠。所以,如果你想获得别人的承认,成就一番事业,就得经过一段刻苦的努力,让自己成为一颗"珍珠"。

有一天,一个年轻人来到大海边打算就此结束自己的生命。在他正要自杀的时候,正好有一位老人从附近走过,看见了他,并且救了他。

"孩子,你叫什么,为什么会选择这样结束自己宝贵的生命?"老人问。

"我可以告诉你,但你帮不了我。还是让我走吧!"年轻人痛苦地说。

"还没有说，你怎么就知道我帮不了你？"老人说道。

"好吧，我叫乔治。"乔治接着说，"我自认为是一个不错的人，明白很多的东西，而且才从一个名牌大学毕业。我的家人都企盼我可以找到一个好工作，我也相信自己一定可以。但是没有人欣赏我，没有人重用我。我能找到的工作仅仅是一个小公司的普通职员。"

老人静静地说："继续说下去，乔治。"

"所以我觉得自己太失败了，很多的愿望不能实现，我活着还有什么意义！"乔治说。

老人没有回答，只是从脚下的沙滩上捡起一粒沙子，让乔治看了看，然后就随便地扔在了地上，对他说："请你把我刚才扔在地上的那粒沙子捡起来。"

"这根本不可能！"乔治说。

老人没有说话，从自己的口袋里掏出一颗晶莹剔透的珍珠，也是随便地扔在了地上，然后对年轻人说："你能不能把这颗珍珠捡起来呢？"

"这当然可以！"

"那你就应该明白是为什么了吧？你应该知道，现在你自己还不是一颗珍珠，所以你不能苛求别人立即承认你。如果要别人承认，那你就要想办法使自己变成一颗珍珠才行。"

"让自己变成一颗珍珠？"乔治若有所思地想着，终于茅塞顿开。

想要得到别人的认可，你首先就要想办法充实自己，让自己从一粒沙子变成一颗珍珠。一旦把自己由普通的沙粒变成珍珠，你就会散发夺目的光彩。

"现在的人越来越浮躁了。"人们在谈及社会风气时，常常在叹息声中给出这么一个判断。

正处在飞扬的青春，一个人免不了自信满满，年少轻狂，浮躁冒进。罗马不是一天建成的，在成长的过程中，我们更需要的是一点耐心和埋头苦干的精神。因为，成长确实需要一个过程。

乐观地面对一切

一时的困境并不意味着你的整个人生都是灰暗的，只要你永远保持乐观积极的心态，笑迎人生的一切，那么风雨过后，你一定能见到绚丽的彩虹。

人的一生，就像是一次旅行，沿途既有数不尽的坎坷泥泞，也有看不完的风景。我们既能享受阳光、希望、快乐、幸福……也要面对黑暗、绝望、忧愁、不幸……

在面对人生的美丽时，我们都能微笑迎接，可是当我们面对人生那些不可避免的哀愁时，我们会有什么样的反应呢？

古希腊有一个大政治家叫狄摩西尼。天生的不幸，他的齿唇上留有缺陷，说话含糊不清，很难与人沟通、交流，这令他非常苦恼。为了纠正自己的这个毛病，狄摩西尼找来一块小鹅卵石含在嘴里练习说话。有时跑到海边，有时跑到山上，尽量放开喉咙背诵诗文，练习一口气念几个句子。长时间的练习，石子磨破了他的牙龈，每次都弄得满嘴是血。血染红了他嘴里那块石头。但这些困难并没有使他放弃练习，一直到口齿流利，能侃侃而谈为止。

狄摩西尼的故事之所以感人，是因为他在用意志与躯体抗争，用美好的愿望与不幸的缺陷抗争……

其实，这更像是在拔河，是在心里拔河。有时候，我们的心中时常会萌生出一些美好的愿望，并按照这美丽的线索，去寻找自己生命的春天。但是自身的缺陷、懒惰、怯懦等等束缚着愿望远行的脚步。为此，双方总要在内心深处较量一番。而较量的结果大概只有这样两种：一种是行动伴着愿望一起走，一种是美好的愿望枯萎在束缚的泥潭里。

有两个姑娘，她们一个叫珍妮，是美国人，另一个叫南希，是英国人。她们聪明、美丽，但都身患残疾。

珍妮出生时两腿没有腓骨。一岁时，她的父母做出了充满勇气但备受争议的决定：截去珍妮的膝盖以下部位。珍妮一直在父母怀抱和轮椅中生活。后来，她装上了假肢，凭着惊人的毅力，她现在能跑，能跳舞和滑冰。她经常在女子学校和残疾人会议上演讲，还做模特，频频成为时装杂志的封面女郎。

与珍妮不同的是，南希并非天生残疾。她曾参加英国《每日镜报》的"梦幻女郎"选美，一举夺冠。1990年她赴南斯拉夫旅游，决定侨居异国。当地内战期间，她帮助设立难民营，并用做模特赚来的钱设立希茜基金，帮助因战争致残的儿童和孤儿。1993年8月，在伦敦，她不幸被一辆警车撞倒，造成肋骨断裂，还失去了左腿。但她没有被这一生活的不幸击垮。她很快就从痛苦中恢复过来，康复后她比以前更加积极地奔走于各地，像戴安娜王妃一样呼吁禁雷，为残疾人争取权益。

也许是一种缘分，珍妮和南希在一次会见国际著名假肢专家时相识。她们一见如故，情同姐妹。

虽然肢体不全，但她们都不觉得这是多么不得了的人生憾事，反而觉得这种奇特的人生体验，给了她们更加坚韧的意志和生命力。她们现在使用着假肢，行动自如。只有在坐飞机经过海关检测，金属腿引发警报器铃声大作时，才会显出两位大美人的腿与众不同。

只要不掀开遮盖着膝盖的裙子，几乎没有人能看出两位美女用了假肢。她们常受到人们的赞叹："你的腿形长得真美，看这曲线，看这脚踝，看这脚趾涂得多鲜红！"

珍妮说："我虽然截去双腿，但我和世界上任何女性没有什么不同。我喜欢打扮，希望自己更有女人味。"

这对姐妹几乎忘了自己身患残疾。她们没有时间去自怨自艾，人生在她们眼里仍然是美好的，她们在人们眼中也是美好的。也有异性在追求她们，她们和别的肢体健全的姑娘一样，也有着自己的爱情。

乐观地面对生命中的一切，永远积极地生活，这就是珍妮与南希的处世原则和人生态度。

虽然，每个人的人生际遇各不相同，而且命运也并不是对每一个人都很公平，但是相信上帝在关上一扇窗的同时，也会为你开启另一扇窗。面对窗外的大地和天空，就看你能不能高昂起你的头，用一双智慧的眼睛，透过岁月的风尘寻觅到辉煌灿烂的繁星。先不要说生活怎样对待你，而是应该问一问自己，你是怎样看待生活的。

面对人生阴暗时，如果我们的一颗心总是为忧愁、沮丧所覆盖，干涸了心泉、黯淡了目光、失去了生机、丧失了斗志，我们的人生轨迹岂能美好，我们又岂能成就大事？

永远不要指望靠别人的同情与帮助来获得成功。就现实的情形而言，悲观失望者一时的呻吟与哀号，虽然能换取短暂的同情与怜悯，但最终的结果只会是别人的鄙夷与厌烦。

但假如我们能始终保持一种健康向上的心态，乐观地看待眼前发生的一切，那么，即使我们身处逆境、四面楚歌，也一定会有"山重水复疑无路，柳暗花明又一村"的一天。

在人生道路上，既有阳光也有风雨，一个人要想赢得人生，就不能总把目光停留在那些消极的东西上，那只会使人沮丧自卑、徒增烦恼，让人生被生活的阴影遮蔽它本该有的光辉。

一笑置之岂不更好？

一笑置之，给自己留一条退路，给自己一点儿蓄势的时间，给自己一些宽容和理解，我们就会坦然地面对失去，从而心境平和，为自己赢得一个好心情。

无论你天资多么聪颖，偶尔也会做些蠢事。一般人出了丑，总是羞赧不堪，躲避众人耳目。何必呢？换个角度想想，这些蠢事其实还蛮有趣的，如果能够一笑置之，不是更好吗？

这就是自嘲。

自嘲，大致意思就是自己开自己的玩笑。可是要真探讨起来，这样说就不能说明其真正的内涵了。

约翰逊在华盛顿的就职仪式上发表演讲时，人群中突然有个人高声喊道："他只是个裁缝匠出身的人！"面对突如其来的嘲弄，约翰逊泰然自若、心平气和地说："某位先生说我过去曾是个裁缝匠，这根本没有使我感到难堪。因为当我做裁缝匠的时候，我享有一个优秀裁缝匠的良好声誉，而且我特别胜任自己的工作。我总是对我的顾客热情周到，并取得了出色的业绩。"话音刚落，热烈的掌声驱散了恶意的嘲弄。

不可否认，一个人的出身对其成长的影响是很大的。在某些特定的历史条件下，对很多人来说，是"龙生龙，凤生凤，老鼠的儿子会打洞"，甚至是八分、九分天注定，一分、二分靠打拼。

但是，随着历史的发展和社会的进步，一个人的命运越来越不取决于自己的出身，而是越来越多地取决于自己的努力。

当面对别人的嘲笑和挑衅时，聪明的总统没有觉得自卑，也没有因此而感到无地自容。他坦然地面对出身，真诚地热爱自己平凡而普通的父母，并表示出要竭尽全力地用对社会的奉献和生命的成就来报答父母的恩情，他们聪明的回答赢得了大家的尊重。

自信是自嘲的基础。不自信，不可能自嘲。你让阿Q拿自己的"癞头"自嘲，那是万万不能的，不但不能，就算你提到"灯"，他也会跟你急，轻则"怒目主义"，重则满口脏话。有了自信，才敢自曝家丑。小品演员潘长江，身材矮小，但他自信，自称"袖珍男子汉"，常拿自己的身高开玩笑，一句"凡是浓缩的都是精品"，成为一种自信的象征、自嘲的标志。

大哲人苏格拉底的生活态度就非常值得我们效仿。每天清晨，邻居们都会看见赤着脚的苏格拉底走出家门，踩着晶莹的露水，跳到一块等待雕刻的大石头上，仰起头向远道而来的太阳热情地问候，向正在隐去的星星和月亮挥手告别。他无视众人怪异的眼光，披上他那破旧不堪的袍子，准备到集市上和民众们辩论，行使他"思想助产士"的义务劳动。

这时正为早餐发愁的妻子冲出来，在众人面前厉声责备丈夫，高声发着牢骚，抱怨家里米缸朝天，丈夫却天天游手好闲，不求上进。苏格拉底却不顾众人的窃笑，亲昵地拥抱一下妻子，向外边走边说："亲爱的，我去工作了，我要帮人们把思想顺利生产下来。"愤怒的妻子把一盆水泼向苏格拉底，他顿时被浇成了落汤鸡。苏格拉底像骑士一样抖抖湿透的袍子，对哈哈大笑的邻居说："看来我猜对了，电闪雷鸣过后，必有大雨倾盆。"

很多人一定会嘲笑苏格拉底是个"妻管严"，在众人面前很丢面子，殊不知这正是苏格拉底的高明之处。因为他知道自己的妻子是个"河东狮"，既然没办法改变就由她去吧。面子是什么？如果不要面子可以生活得更好，我们又何乐而不为呢？

一个自嘲的人一定是热爱生活，有生活情趣的人。如果不热爱生活，谁会去发现自己的可笑之处，怎么会觉得这可笑之处可笑，又怎么会将这可笑之处讲出来呢？

自嘲是一种美德。嘲弄他人是缺德，嘲弄自己却是美德。一个善于自嘲的人，往往就是一个富有智慧和情趣的人，也是一个勇敢和坦诚的人，更是一个将自己上上下下里里外外看得很明白的人。

自嘲还是一种鲜活的态度，它可以使原本很沉重的东西瞬间变得轻松无比，会让别人砸过来的重拳落在棉花上。

自嘲更是一种智慧。生活有时总不那么令人满意，如果我们一味地追求完美，也许会患得患失，少了做人的乐趣。但是，如果我们换一种方式来对待生活，自己给自己一点安慰，以感恩的心情来生活，也许我们会快乐很多。

把苦难当作人生最宝贵的财富

每个人的人生中都充满了苦难。人是从苦难中成长起来的，唯有乐观奋斗，才能得到人生中最宝贵的财富。

澳门大富豪何鸿燊年幼时突然家道中落，何鸿燊无法接受但又不得不面对这冷酷的现实。想当初，衣食无忧，进出都有仆人侍候。现在父亲、哥哥流亡南洋，家居陋室，没有当家人，仿佛天都塌了。这一切都压在母亲柔弱的肩上，母亲和姐姐常为柴米油盐的事小声嘀咕，一家人忧柴忧米、忧穿忧用。这种情绪也传染给了年纪最小的何鸿燊，他常常担忧老鼠偷米，第二天没有米下锅，上不成学。

晚上睡在硬板床上，望着母亲忧郁的神色、简陋的家具用具，脑海里就浮现出富丽堂皇的洋房、餐桌上的美味佳肴、成群的奴仆。他那时还傻想，如果父亲和哥哥回来，就会把荣华富贵带回来。何鸿燊最不堪忍受的，是原来那些亲戚见何家财大势大，见了何家人总是低眉顺首、恭恭敬敬，现在对何鸿燊一家却避而远之，见到何鸿燊还摆架子，甚至百般嘲弄。

有这样一件事情：一次，何鸿燊牙齿蛀烂，需要补牙。正好他家一个亲戚是牙医，过去一直走动，每次来何家都要逗何鸿燊开心。何鸿燊就去他的牙科诊所，做牙齿的亲戚正闲着，跷着二郎腿坐在旋转椅上，没有起身，爱理不理的。

"你来这里做什么？""我的牙坏了，想补牙。""那你身上有钱吗？""没有钱。"牙医亲戚笑起来。何鸿燊不懂世事，不知他为什么问这些。以前何鸿燊来他诊所玩儿，他主动给何鸿燊检查牙齿，还说了许多保护牙齿的知识，从来没有提过钱的事。何鸿燊正纳闷，牙医亲戚怪声怪气地说道："没有钱，走吧，补什么牙？干脆把牙齿全部拔掉算了！"何鸿燊瞠目结舌，想不到亲戚会变成这个样子。何鸿燊不禁泪如泉涌，扭头就走。回到家里，他向母亲哭诉。母亲也伤心地流泪，母子抱头痛哭。这件事给何鸿燊的刺激非常大，使他从富家子弟的旧梦中彻底清醒过来。多年以后，成为巨富的何鸿燊回忆辛酸的往事，仍恨得咬牙切齿："想不到人穷，亲戚便如此势利。"

经过家境变故后，何鸿燊一家人都感觉到人情冷暖，母亲更是终日以泪洗面。何鸿燊于是下决心要争一口气！父亲破产之前，何鸿燊在香港名校皇仁书院读书。他是出名的公子哥，淘气的把戏没人比得过他，读书就大为逊色，学业太差，被分在差生班D班。过去家中富有，成绩再差也可以读下去。现在家里朝不保夕，仅靠母亲打工赚取微薄的生活费，哪里还有余钱交学费？

一天，母亲把何鸿燊叫在跟前，郑重其事地指出两条路供他选择：一是退学，帮家里赚钱；二是靠拿好成绩获取奖学金，否则，家里无法保证支付昂贵的学费。何鸿燊不禁想起做牙医的亲戚，想起了家庭变故，便选择了第二条路。家穷促使他早熟，他明白穷人只有靠读书方可出头。何鸿燊发愤苦读，到学期末，成绩居 D 班第一，这个成绩，在 A 班也能排中上水平。何鸿燊如愿以偿获得奖学金，开创了皇仁书院 D 班获奖学金的纪录。以后，何鸿燊年年都获得奖学金。

如果将幸福、欢乐比作太阳，那么，不幸、失败和挫折就可以比作月亮，人不可能只企求永远在阳光下生活。法国作家巴尔扎克说过："苦难对于天才是一块垫脚石，对能干的人是一笔财富，对弱者是一个万丈深渊。"

苦难是人生的一笔财富，但是正在受苦或正在摆脱受苦的人是没有权利诉说的。苦难变成财富是有条件的，这个条件就是，你战胜了苦难并远离，不再受苦。只有在这时，苦难才是你值得骄傲的一笔人生财富，别人听着你的苦难时，也不觉得你是在念苦经，只会觉得你意志坚强，值得敬重。

所以，丘吉尔在自传中就写道：苦难，是财富还是屈辱？当你战胜了苦难时，它就是你的财富；可当苦难战胜了你时，它就是你的屈辱。

我国著名体操运动员桑兰，在 1998 年的美国长岛运动会上不幸摔伤，导致下身瘫痪。面对这突如其来的打击，桑兰并没有沮丧，她勇敢乐观地正视这次苦难，以她的微笑赢得了世人的尊敬。终生瘫痪，这对一个人来说是多么悲哀的事情，而桑兰在苦难面前却没有退缩，以乐观的心态笑对人生，她在轮椅上艰苦奋斗，最终成为上海星空卫视体育主持人。这样的财富，远比一辈子安乐生活的人所得到的有价值的多。苦难这把利刃，一方面割破了你的心，另一方面掘出了生命的新水源。

温室的花朵经不起风吹雨打，而饱受寒风摧残的苍松却可以屹立在严冬里。最宝贵的财富往往在苦难过后才能得到，正如孟子所言："天将降大任于斯人也，必先苦其心志……"永远生活在安逸里的人，从未经历过苦难，很难铸就坚强的精神，也很难在人才济济的世界上走得更远。

人的一生不可能不经历苦难，但我们可以从中得到最宝贵的财富。辩证地认识苦难，扼住命运的喉咙，扬起生活的风帆，把握苦难后的财富，让苦难塑造出一个坚强的自我吧！

在漫长的人生旅途中，苦难并不可怕，受挫折也无须忧伤。只要心中的信念没有萎缩，你的人生旅途就不会中断。所以，你要微笑着面对生活，不要抱怨生活给了你太多的苦难，不要抱怨生活中有太多的曲折，更不要抱怨生活中存在的不公。当你走过世间的繁华，阅尽世事，你会幡然醒悟：把苦难当作人生中最宝贵的财富，再苦也要笑一笑！

如果你想要，就要等得起

人生可以失去很多东西，却绝不能失去希望。只要心存希望，总有奇迹发生，希望虽然渺茫，但它永存人间。

美国作家欧·亨利在他的小说《最后一片叶子》里讲了个故

事：病房里，一个生命垂危的病人从房间里看见窗外的一棵树，在秋风中树叶一片片地掉落下来。病人望着眼前的萧萧落叶，身体也随之每况愈下，一天不如一天。她说："当树叶全部掉光时，我也就要死了。"一位老画家得知后，用彩笔画了一片叶脉青翠的树叶挂在树枝上。最后一片叶子始终没掉下来。

只因为生命中的这片绿，病人竟奇迹般活了下来。

人生可以失去很多东西，却绝不能失去希望。只要心存希望，总有奇迹发生，希望虽然渺茫，但它永存人间。

所以，当你遇到困境的时候，你一定要相信你自己，给自己希望，这样才能柳暗花明，走出困境。

有两个盲人靠说书弹弦谋生，老者是师傅，幼者是徒弟。徒弟整天唉声叹气，也无法学好手艺。因为眼盲，他甚至常常失去生活的勇气。一天，师傅病了，在临终前，他对徒弟说："我这里有一张复明的药方，我将它封进你的琴槽中，当你弹断 1000 根琴弦的时候，你才能取出药方。记住，你弹断每一根弦时必须是尽心尽力的。否则，再灵的药方也会失去效用。"徒弟牢记师傅的遗嘱，他一直为实现复明的梦想而弹弦不止。

50 年过去了，徒弟已皓发银须，一声脆响，徒弟终于弹断了第一千根琴弦，他直向城中的药铺赶去。当他满怀期望地等着取回草药时，掌柜的告诉他，那是一张白纸。他明白了师傅的用意，他学到了手艺，这就是药方，有了手艺他就有了生存的勇气。他努力地说书弹弦，成了名艺人，受人尊敬。直到 95 岁高龄时，他才抱着三弦含笑告别人世。

前途比现实重要，希望比现在重要。任何时候，都不应该放弃希望，因为它是创造成功、创造未来的"点金石"。

人生不能没有希望，所以无论我们身陷怎样的逆境，我们都不应该绝望。失望时萌生希望，能驱散心中的浓雾，拥抱一片湛蓝的晴空。让我们带着希望生活，活出一个最好的自己！

只要把希望种在心里，即使一粒最普通的种子，也能长出奇迹！

培植出白色的金盏花非常困难，专家都望而却步，而一位不懂遗传学的老人却取得了成功。这是为什么呢？且往下看完这个故事。

当年，美国一家报纸曾刊登了一则园艺所重金悬赏征求纯白金盏花的启事，一时引起轰动。高额的奖金让许多人趋之若鹜。但是，在千姿百态的自然界中，金盏花除了金色的就是棕色的，要培植出白色的，不是一件容易的事。所以许多人一阵热血沸腾之后，就把那则启事抛到了九霄云外。

时间一晃就是 20 年。20 年后很平常的一天，当年那家曾刊登启事的园艺所意外地收到了一封热情的应征信和 100 粒"纯白金盏花"的种子。当天，这件事就不胫而走，引起轩然大波。原来寄种子的是一位年已古稀的老人。对信中言之凿凿能开出纯白金盏花的种子，园艺所一直举棋不定，该不该验证一时成了争论的焦点。有人说，绝不应该辜负了一位老人的心意。那些种子终于得以落土生根。奇迹是在一年之后才出现的，一大片纯白色的金盏花在微风中摇曳生韵。

一直默默无闻的老人因此成了新的焦点。原来，老人是一个地地道道的爱花人。20年前，她偶然看到那则启事，怦然心动。她的决定却遭到她8个儿女的一致反对。毕竟，一个压根儿就不懂种子遗传学的人是很难完成专家都不能完成的事的，她的想法岂不是痴人说梦！但她痴心不改，义无反顾地干了下去。她撒下了一些最普通的种子，精心侍弄。一年之后，金盏花开了。她从那些金色的、棕色的花儿中挑选了一朵颜色最淡的，任其自然枯萎，以取得最好的种子。次年，她又把它们种下去。然后，再从许多花儿中挑选出颜色更淡的花儿的种子栽种……日复一日，年复一年，春种秋收，周而复始，老人的丈夫去世了，儿女远走了，生活中发生了很多的事，但唯有种出白色金盏花的愿望在她的心中牢牢地扎下了根。终于，在20年后的一天，她在园中看到了一朵如银如雪的白色的金盏花。一个连专家都解决不了的问题，在一个不懂遗传学的老人手中迎刃而解，这不是奇迹吗？

漫漫人生，难免会遇到荆棘和坎坷，但风雨过后，一定会有美丽的彩虹。所以，任何时候你都要抱乐观的心态，都不要丧失希望。要知道，失败不是生活的全部，挫折只是人生的插曲。虽然机遇总是飘忽不定，但只要你坚持，保持乐观，你就能永远拥有希望。即使一生不如意，但有希望相伴也是幸福。

磨砺到了，幸福也就到了

世间很多事情都是难以预料的，亲人的离去、生意的失败、失恋、失业等等打破了我们原本平静的生活，以后的路究竟应该怎么走？我们应当从哪里起步？这些灰暗的影子一直笼罩在我们的头上，让我们裹足不前。

难道生活真的就这么难吗？日子真的就暗无天日吗？其实，并不是这样的。在这个世界上，为何有的人活得轻松，而有的人却活得沉重？因为前者拿得起，放得下，后者是拿得起，却放不下。

很多人在受到伤害之后，一蹶不振，在伤痛的海洋里沉沦。只得到不失去的事情是不可能的，而一个人在失去之后，就对未来丧失信心和希望，又怎么在失去之后再得到呢？人生又怎能过得快乐幸福呢？

被誉为"经营之神"的松下幸之助9岁起就去大阪做一个小伙计，父亲的过早去世使得15岁的他不得不担负起生活的重担，寄人篱下的生活使他过早地体验了做人的艰辛。

他在22岁那年，晋升为一家电灯公司的检察员。就在这时，松下幸之助发现自己得了家族病，已经有9位家人因为家族病在30岁前离开了人世。他没了退路，反而对可能发生的事情有了充分的精神准备，这也使他形成了一套与疾病做斗争的办法：不断调整自己的心态，以平常之心面对疾病，使自己保持旺盛的精力。这样的过程持续了一年，他的身体变得结实起来，内心也越来越坚强，这种心态也影响了他的一生。

患病一年来的苦苦思索，改良插座的愿望受阻后，他决心辞去公司的工作，开始独立经营插座生意。创业之初，正逢第一次世界大战，物价飞涨，而松下幸之助手里的所有资金少得可怜。公司成立后，最初的产品是插座和灯头，却因销量不佳，使得工厂到了难以维持的地步，员工相继离去，松下幸之助的境况变得很糟糕。

但他把这一切都看成是创业的必然经历，他对自己说："再下点儿功夫，总会成功的！已有更接近成功的把握了。"他相信：坚持下去取得成功，就是对自己最好的报答。功夫不负有心人，生意逐渐有了转机，直到6年后拿出第一个像样的产品，也就是自行车前灯时，公司才慢慢走出了困境。

1929年经济危机席卷全球，日本也未能幸免，销量锐减，库存激增。日本的战败使得松下幸之助变得几乎一无所有，剩下的是到1949年时达10亿元的巨额债务。为抗议把公司定为财阀，松下幸之助不下50次去美军司令部进行交涉。

一次又一次的打击并没有击垮松下幸之助，如今松下已经成为享誉全世界的知名品牌，这个品牌正是在不断的磨砺之中逐渐成长起来的。

现在你受的苦，必将照亮你未来的路

如果当初在得知自己患上家族病的那一刻，松下就将自己埋没在悲观之中，那么，或许我们今天就不会看到松下这个品牌了。

　　生活中有各种各样我们想不到的事情，其实这些事情本身并不可怕，可怕的是我们无法从这件事情所造成的影响中抽身出来，尽早以最新、最好的状态去投入下面的事情。哪怕我们现在身无分文，我们可以从身无分文起步，一点一滴地打拼，磨砺到了，幸福也就到了。